农药隐性成分鉴定技术与案例

陆剑飞　主编

中国农业出版社

主　编　陆剑飞

副主编　郭利丰　梁赤周

编　委　陆剑飞　郭利丰　梁赤周　黄晓华
黄雅俊　俞丹宏　虞　淼　寿林飞
肖　鸣　吴江林　殷　琛　郑爱妹
潘项捷　董　卉

Preface 前言

农药是保障人类粮食供应的必要物质，是农业文明发展与科学技术不断进步的产物。农药在保障粮食安全、防控自然与生物灾害和提高劳动效率等方面发挥了巨大作用，但是农药也因其影响环境安全、生态安全和食品安全而颇受非议。随着人们生活水平的不断提高，农产品质量安全问题成为社会、政府和消费者高度关注的热点、焦点，因而对农药管理工作提出了更高的要求。当前，农药产品质量已由“短斤缺两”向“添油加醋”转变，非法添加隐性成分已发展成为农药产品的主要质量问题。农药非法添加隐性成分给农业生产带来重大安全隐患，极易造成蚕桑业、蜂业和水产养殖业的重大生产事故，也导致农产品安全问题时有发生，直接影响人类健康和农产品贸易。

为了更好地服务“三农”和保障农药使用安全，加强对非法添加隐性农药成分违法行为的监督管理，我们开展了农药隐性成分检测鉴定技术的研究。本书总结了近年来对 2 000 多批次农药进行隐性成分检测鉴定的工作实践，建立了 144 种农药成分在气相色谱不同柱子上的保留时间的典型图库，全面介绍了筛选、验证和确证等一整套农药隐性成分检测鉴定技术。本书附录还搜集整理了国家有关农药使用管理规定、禁止使用和限制使用农药名录等相关资料。

本书在撰写过程中得到了浙江省农药检定管理所领导和同事的大力帮助和支持，得到了浙江省农业厅中青年科技计划的支持，得到了章强华、黄国洋、王华弟研究员的指导和帮助，在此特致以诚挚的感谢。

本书主要面向农药科研、教学、检测和监管人员，也可供农药企业、农药经营单位和农药技术人员参考使用。

由于编写时间仓促，作者水平有限、缺乏经验，书中错误之处在所难免，恳请专家和广大读者批评指正。

作　者

2013年3月于杭州

Contents 目录

第一章 绪　论

从 19 世纪 60 年代美国海洋生物学家蕾切尔·卡逊的《寂静的春天》问世以来，农药是影响环境安全、生态安全和食品安全的罪魁祸首，还是保障人类粮食供应的必要物质，这样的争论一直没有停过。从人类发展历史来看，农药是农业文明发展与科学技术进步的产物，农药在保障粮食安全、防控自然与生物灾害和提高劳动效率等方面发挥了巨大作用。研究结果表明，水稻生产不使用杀虫剂，产量损失超过 40%，直播水稻不使用除草剂产量不到正常产量的 30%。中国以占世界 9%的耕地养活了世界 21%的人口，农药发挥着不可替代的作用。人类由农业文明进入工业文明，农药在提高劳动生产率、促进人口转移上也发挥了重要作用。化学除草剂是降低劳动强度、提高劳动效率的典型代表，离开除草剂就不可能有现代农业的免耕直播等轻型栽培技术。据国际作物保护协会（CROP-LIFE）介绍，意大利使用除草剂后，每公顷水稻的劳工量从 500 工时下降到 23 工时，推动农业人口从 40%下降到 7%。中国的实践也表明，农药对促进劳动力转移、推进城镇化也具有非常重要的作用。农药还是人类预防、控制自然灾害和生物灾害的战略物质。1939 年瑞士科学家米勒发现滴滴涕对病媒昆虫的突出防效，挽救了千百万人的生命，荣获 1948 年诺贝尔医学奖。目前，人们生活环境中鼠、蠊、蚊、蝇等有害生物消杀防控及蝗虫灾害的防控都离不开农药。全世界常年发生蝗灾的面积达 4 680 万 km^2，全球 1/8 人口经常受到蝗灾的袭扰。在中国几千年的历史记载中，从周朝末期春秋时代到 1950 年的 2 600 多年中，蝗灾就发生过 800 多次，成为我国历史上的三大自然灾害之一。而 1950 年以后，我国就再也没有发生过造成较大危害的蝗灾。1942 年的蝗灾至今让人记忆犹新，如果当时有足够的农药供应灾害也许不会发生。综合来看，农药对人类的贡献远大于其负面影响。

一、农药的概念

什么是农药？按《中国农业百科全书·农药卷》的定义，农药主要是指用来防治危害农林牧业生产的有害生物（害虫、害螨、线虫、病原菌、杂草及鼠类）和调节植物生长的化学药品。需要指出的是，对于农药的含义和范围，不同的时代、不同的国家和地区有所差异。如美国，早期将农药称之为“经济毒剂”（economic poison），欧洲则称之为“农业化学品”（agrochemicals），还有的书刊将农药定义为“除化肥以外的一切农用化学品”。根据我国 1997 年颁布的《农药管理条例》和 1999 年颁布的《农药管理条例实施办法》，目前我国所称的农药主要是指用于预防、消灭或者控制危害农业、林业的病、虫、草、鼠和其他有害生物以及有目的地调节植物、昆虫生长的化学合成或者来源于生物、其他天然物质的一种物质或者几种物质的混合物及其制剂。按其定义大致可以分为 9 大类，即①预防、消灭或者控制危害农业、林业（具体指种植业）的病、虫（包括昆虫、蜱、螨）、草和鼠、软体动物等有害生物的，可称为大田农药；②预防、消灭或者控制仓储病、虫、鼠和其他有害生物的，可称为仓储农药；③调节植物、昆虫生长的（是指对植物萌发、开花、受精、坐果、成熟等生长发育过程），可称生长调节剂；④用于农业、林业产品防腐或者保鲜的，可称为保鲜剂；⑤预防、消灭或者控制蚊、蝇、蜚蠊、鼠和其他有害生物的；⑥预防、消灭或者控制危害河流堤坝、铁路、机场、建筑物和其他场所的有害生物的；⑦利用基因工程技术引入抗病、虫、草害的外源基因改变基因组构成的农业生物，可称为转基因农药；⑧防治以上所述有害生物的商业化天敌生物，可称为生物农药；⑨农药与肥料等物质的混合物，可称为药肥。

二、农药的历史

农药最早的使用可以追溯到公元前 1000 多年，古希腊《荷马史诗》中就有用硫黄熏蒸杀虫防病的记录。我国最早在公元前 7 世纪至公元前 5 世纪就有用莽草、牡鞠、嘉草、蜃炭灰杀虫的记录，在《齐民要术》《本草纲目》《天工开物》等古籍中，都有用植物性、动物性、矿物性药物杀虫、防病、灭鼠的记载。现代意义、商品意义的农药起源于 19 世纪中期，除虫菊、鱼藤、烟草作为杀虫植物在全世界进行商业销售。19 世纪末法国科学家米亚尔代发明的波尔多液使农药开始进入科学发展阶段。20 世纪 40 年代以前，农药主要以无机物和天然植物为主，应用于水果、蔬菜、棉花等作物病虫害的防治。德国化学家施拉德等人在二战期间的研究，为有机磷、有机氯、氨基甲酸酯类农药的发展奠定了坚实的基础。1962 年美国海洋生物学家蕾切尔·卡逊撰写的《寂静的春天》，使人们认识到滥用农药的危害。20 世纪 70 年代后，农药的研发向着低毒、高效、易降解的方向发展，农药的传统杀灭作用已向有效控制危害方面转变。目前，全世界注册的农药品种有 1 500 个以上，广泛使用的有 300 多种。截至 2010 年 12 月 31 日，我国批准登记农药有效成分 628 个，常用的约有 150 个，登记产品 27 778 个。

三、农药的种类

农药按来源可分为矿物源农药、化学合成农药、生物源农药。农药按作用方式可分为胃毒性农药、触杀性农药、内吸性农药、熏蒸性农药、特异性农药等（包括驱避、引诱、拒食、生长调节）。农药按化合物类型可分为有机磷类、拟除虫菊酯类、氨基甲酸酯类、有机硫类、酰胺类、杂环类、苯氧羧酸类、酚类、脲类、醚类、酮类、三氮苯类、苯甲酸类、香豆素类等。农药按主要防治对象可分为杀虫剂、杀菌剂、除草剂、植物生长调节剂、杀鼠剂和卫生用等几大类。

我国农药登记管理中按防治对象进行分类，并对农药产品的标签进行明确规定以指导其科学使用。农药的标签主要包含以下内容：农药登记证号、生产许可证号和产品标准号［俗称“三证”（进口农药只有农药登记证）］、农药名称或简化通用名称、有效成分含量、剂型、防治对象和使用技术、安全间隔期、产品性能、注意事项、毒性标志、中毒急救、象形图、生产单位及联系方式、生产日期或批号及产品分类标识带等。

农药登记证号分为临时登记证号和正式登记证号两种，分别用LS××××和PD××××表示。生产许可证号也有两类，称为生产许可证和生产批准证书，分别用XK××××和HPN××××表示。

根据农业部规定，农药单剂使用农药有效成分通用名称，如甲胺磷、甲基对硫磷、甲氨基阿维菌素苯甲酸盐；混配制剂中各有效成分通用名称组合后的名称不多于5个字的，使用其通用名称的全称，通用名称之间插入间隔号（以圆点“·”表示，中实点，半角）；按照便于记忆的方式排列。混配制剂通用名称组合后的名称多于5个字的，使用简化通用名称。如：

丙硫多菌灵·盐酸吗啉胍——丙多·吗啉胍

哒螨灵·丁硫克百威——丁硫·哒螨灵

毒死蜱·甲氨基阿维菌素苯甲酸盐——甲维·毒死蜱

多菌灵·福美双·硫磺——多·福·硫磺

对卫生用农药名称有两种命名法：不经稀释直接使用的，以功能描述词语和剂型作为产品名称。如：蚊香、蝇香、杀蟑饵剂、驱蚊片、杀螨纸。经稀释使用的，单剂用单剂有效成分通用名，混配剂用简化通用名。

我国农药登记管理规定杀虫剂（杀螨剂）、杀菌剂、除草剂、植物生长调节剂和杀鼠剂等五类产品标签下缘分别由红色、黑色、绿色、黄色和蓝色标志线表示。

四、常用农药剂型

我国常用农药制剂有乳油（EC）、粉剂（DP）、可湿性粉剂（WP）、颗粒剂（GR）、水剂（AS）、烟剂、悬浮剂（SC）。近几年发展较快的新农药剂型有超低容量液剂（UL）、悬浮剂（SC）、胶囊悬浮剂（CS）、可分散性粒剂（WG）、可溶性粉剂（SP）、水乳剂（EW）、干拌种粉剂（DS）、种子处理液剂（ES）、悬浮种衣剂（FS）、种子处理用水溶性粉剂（SS）、湿拌种水分散性粉剂（WS）等。

乳油（EC）：乳油为目前农药制剂中的主要剂型之一，由农药原药、溶剂、乳化剂经溶解混合而成的均匀透明的油状液体。有的还加入少量助溶剂和稳定剂。乳油产品有外观、有效成分含量、乳液稳定性、酸碱度或pH、水分、热贮稳定性、低温贮存稳定性等7项技术指标要求。其中，有效成分含量、乳液稳定性为重要技术指标。

粉剂（DP）：粉剂为商品农药中最常用剂型之一，由农药原药、填料、助剂经混合—粉碎—混合而成。所用填料对粉剂性能影响很大，若选用不当会降低粉剂质量，影响药效。常用的填料有硅酸盐类矿土和氧化物矿土。前者有黏土、高岭土、滑石等；后者有硅藻土。另外，方解石、白云石等碳酸盐类和含磷酸盐的磷灰石也可作为填料。粉剂产品有外观、有效成分含量、粒径、酸碱度或pH、水分、热贮稳定性等5项技术指标要求。其中，有效成分含量为重要技术指标。

可湿性粉剂（WP）：可湿性粉剂为农药制剂中主要剂型之一，为一种易被水润湿并能在水中分散悬浮的粉状体。它由农药原药、填料、湿润剂经混和粉碎而成，但细度要求更高。所用湿润剂有纸浆废液、皂角、茶枯、肥皂粉、农用乳化剂等。可湿性粉剂产品有外观、有效成分含量、悬浮率、酸碱度或pH、水分、细度、润湿性、热贮稳定性8项技术指标要求。其中，有效成分含量和悬浮率为重要技术指标。

颗粒剂（GR）：颗粒剂为目前发展迅速的重要剂型之一。它由农药原药、载体、助剂混合加工而成。粒径为1 680～279μm，若粒径小于279μm则为微粒剂。其加工方法有捏合法、吸附法和包衣法。其中载体起着对原药的附着和稀释作用，为颗粒形成粒基，因而要求载体不能影响有效成分的稳定性，具有适当的硬度、密度、吸附性和逆水解体率适中等性质。常用的载体有白炭黑、硅藻土、煤渣、煤矸石、陶土粉、硅砂、瓷土粉、锯末等。所用助剂有黏结剂（包衣剂）、吸附剂、湿润剂、着色剂等。颗粒剂产品有外观、有效成分含量、酸碱度或pH、水分、脱落率或崩解率（包衣型的颗粒剂有脱落率技术指标要求，吸附型颗粒剂有崩解率技术指标要求）和热贮稳定性 6 项技术指标要求。其中，有效成分含量为重要技术指标。

水剂（AS）：水剂又称水溶剂。对于某些较易溶于水且较稳定的农药原药，可直接加水加工成各种浓度的水剂，有的还加入少量的防腐剂、湿润剂、着色剂等。水剂产品有外观、有效成分含量、酸碱度或 pH、稀释稳定性、低温贮存稳定性、热贮稳定性等 6 项技术指标要求。其中，有效成分含量为重要技术指标。

悬浮剂（SC）：是一种可流动的液状制剂。由于它兼具乳油和可湿性粉剂共有的优点，近年来发展十分迅速。该制剂由不溶于水的固态农药原药与分散剂、润湿剂等助剂混合后，在水或油介质中经超微磨研而成，粒径小于 5μm。悬浮剂产品有外观、有效成分含量、悬浮率、筛析试验、酸碱度或 pH、倾倒性、低温贮存稳定性、热贮稳定性等 8 项技术指标要求。其中，有效成分含量和悬浮率为重要技术指标。

可分散性粒剂（WG）：可分散性粒剂加入水后能迅速崩解、分散，形成悬浮状的粒状农药剂型。它由农药原药、吸附剂或载体、湿润剂、分散剂组成。该制剂有产品外观、有效成分含量、酸碱度或 pH、悬浮率、润湿性、筛析试验、持泡性、水分和热贮稳定性技术指标要求。其中有效成分含量和悬浮率为关键技术指标。

第二章　农药质量概述

第一节　农药质量

一、农药质量的定义

产品质量是指产品适应社会生产和生活消费需要而具备的特性，它是产品使用价值的具体体现。在商品经济范畴，产品质量是指企业依据特定的标准，对产品进行规划、设计、制造、检测、计量、运输、储存、销售、售后服务、生态回收等全程的必要的信息披露。农药质量是指适合产品需要的全部物理性质和化学性质。农药质量涉及两个方面，即有效和安全，在满足有效和安全前提下，产品应具有的化学性质和物理性质还包括包装材料及标识标签是否符合相应规范。

二、农药质量的内容

农药产品质量涉及原药、助剂、包装材料质量等三个方面的问题。

（一）原药的质量标准

原药是指工厂生产的未经加工的农药原产物，一般不能直接施用，要根据原药的理化性质和使用技术的要求将原药加工成制剂才能施用。

1. 纯度　即原药中有效成分的含量，以百分率表示。纯度是原药质量的主要指标，有效成分含量百分率越高质量越好。联合国粮农组织（FAO）和世界卫生组织（WHO）公布的农药原药质量标准，纯度应90％以上。在我国的农药质量标准中，原药的纯度一般也要求达到90％以上。纯度低的农药原药中杂质的含量就高，原药中杂质过多有以下害处：①可能会对作物产生药害；②会增高对人的毒性；③使以有效成分分子中含有某元素或某原子团的量计算有效成分含量的化学分析法失去原有的准确度。由于杂质中同样含有与有效成分相同的元素或原子团，使测定的结果产生偏差，不能反映原药及其制剂中有效成分的真实含量；④原药中的杂质给加工粉剂带来困难，因为杂质的存在使原药的凝固点下降，不易粉碎；⑤降低有效成分的稳定性，而且随着农药的使用，杂质进入环境之中造成污染。所以要尽可能提高原药的纯度，减少杂质的含量。

2. 酸碱度 既是原药的质量指标也是制剂的质量指标。酸碱度是指农药原药及其制剂中含游离酸或游离碱的数量，或其氢离子浓度。限制酸碱度的目的主要是降低贮存过程中农药原药和制剂中有效成分的分解作用，防止制剂物理性能改变及其使用时产生药害。此外，还可以用作评估农药对包装材料腐蚀性的参数。联合国粮农组织（FAO）对原药及制剂的质量标准均以酸度（H_2SO_4 的质量百分数）或碱度（NaOH 的含量百分数）表示，对原粉一般要求为＜0.1％～0.2％，原粉及其制剂的酸碱度有时以 pH 表示。我国对农药原药规定以酸度或碱度表示，对制剂大多规定以 pH 表示。

3. 水分含量 限制农药原粉中水分含量的目的是降低有效成分的分解作用，保持化学稳定性。对粉剂、可湿性粉剂来讲，限制水分含量可使制剂保持良好的分散状态，喷洒时能很好地分散到叶面上。我国对粉剂的水分含量要求一般不大于 3.0％。但是因加工粉剂所用填料类别不同，其吸水性能有差异，有的填料吸水性强，即使水分含量高些，也不影响粉剂的分散性；有的填料吸水性弱，即使水分含量不太高，也会影响粉剂的分散性。因此，用控制水分含量来保证粉剂的分散性是不可靠的，用粉剂的流动性指标控制粉剂的分散性比用水分含量控制的办法更有效。

（二）制剂的质量标准

1. 有效成分含量 有效成分含量是农药制剂中最重要的指标，以质量百分数（g/kg 或克/千克）或质量体积百分数（g/L 或克/升）表示。有效成分是指农药产品中具有生物活性的特定化学结构成分。生物活性系指对昆虫、螨、病菌、鼠、杂草等有害生物的行为、生长、发育和生理生化机制的干扰、破坏、杀伤作用，还包括对动物、植物生长发育的调节作用。除国家标准或行业标准有规定外，一般以标明含量及允许上下一定范围的方式标注。农业部公布的《农药登记资料规定》中明确的允许变化范围如下：

表 2－1 农药产品中有效成分含量范围要求

标明含量 X （％或每 100mL 中含量 g，20℃±2℃）	允许波动范围
X≤2.5	±15％X（对乳油、悬浮剂、可溶液剂等均匀制剂） ±25％X（对颗粒剂、水分散粒剂等非均匀制剂）
2.5＜X≤10	±10％X
10＜X≤25	±6％X
25＜X≤50	±5％X
X＞50	±2.5％或每 100mL 中±2.5g

2. 粉粒细度 粉剂类农药制剂（粉剂、可湿性粉剂、悬浮剂、干悬浮剂、粒剂）质量指标之一，以能通过一定筛目的百分率表示。我国目前对大多数粉剂类农药要求95%通过直径45μm筛或98%通过直径75μm筛。粉剂的细度和药效有密切的关系。在一定范围内，药效与粒径成反比，触杀性杀虫剂的粉粒愈小，则每单位重量的药剂与虫体接触面愈大，触杀效果也就越好。在胃毒性农药中，药粒愈小，愈易为害虫吞食，食用后较易被肠道吸收而发挥毒效。但药粒过细，有效成分挥发加快，药效期缩短，喷药时飘移严重，反而会降低药效，对环境不利，同时也增加加工过程的风险。因此，在确定粉剂的细度时，应根据原药特性，加工设备条件和施药机械水平，确定合适的粒径。

3. 容重 对液体制剂而言，指密度，单位体积药剂的质量，以克/升（g/L）表示，容重是粉剂的质量指标之一。容重即单位容积内粉体的质量，又称表现比重。按填充紧密程度的不同，容重又分为疏松容重和紧密容重两种。前者是粉体自然装满容器时的容重。后者是粉体装入容器后，经规定的机械震动，使粉体装填比较紧密时的容重。同一种粉体的容重小，表示粉粒较细，粉体含水量低。在测定方法一致的条件下，粉剂和可湿性粉剂的容重与所用填料的容重、助剂的种类、有效成分的种类和浓度以及粉粒的细度有关，填料的容重影响最大。选择填料的容重要考虑两个因素：①固体原药和填料的疏松容重相近，以避免在施药过程中原药和填料的分离，造成单位面积上药剂不均匀；②施药的药械和风速。当风速小于2.5m/s时，要求粉粒的容重在0.46～0.60g/mL范围内，飞机喷粉则要求在0.66～0.80g/mL。

4. 润湿性 可湿性粉剂类农药制剂质量指标之一，以被测的可湿性粉剂从一定高度倾入盛有一定温度一定量标准硬水的烧杯中，致完全湿润的时间。我国的测定方法为：称取5g均匀粉末试样，倾入盛有25℃的100mL标准硬水（342mg/L，钙∶镁＝80∶20）的250mL烧杯中，记录从样品倾入致完全润湿的时间。很多不溶于水的原药都是不能被水润湿的，要想改变这种性质就要在加工时配加一定量的润湿剂。润湿剂可降低农药颗粒与水之间的界面张力，使药粉能很快被水润湿、分散。对可湿性粉剂不但要求制剂本身具有被水润湿的性能，而且还应要求按使用时规定的稀释倍数用水稀释成悬浮液喷到植物上后，能很好地在植物上润湿并能展开。润湿性差的可湿性粉剂悬浮液喷到植物上后，不能很好地润湿和扩展，药液很容易从叶片上滚落下去，降低药效的性能。因而，常见在施用可湿性粉剂时，另外加入一些表面活性剂，就会提高药效，这也可能就是增加了悬浮液的润湿性。联合国粮农组织（FAO）规定，可湿性粉剂的润湿性为不大于1min或2min，我国规定一般不大于2min。

5. 悬浮率 是可湿性粉剂、悬浮剂、水分散粒剂、微胶囊剂等农药剂型质量指标之一。以将其用水稀释成悬浮液，在特定温度下静置一定时间后，仍处于悬浮状态的有效成分的量占原样品中有效成分量的百分率表示。上述农药制剂对水稀释变成悬浮液后，用喷雾器喷洒，要求农药有效成分的颗粒在悬浮液中能在较长时间内保持悬浮状态，而不沉在喷雾器的底部，这样喷出去的药液比较均匀，防效好；如果沉在底部，先喷出去的药液浓度就会降低，植物上的药量少，防效会降低；而后喷出去的药液浓度过高有可能对植物造成药害，所以产品悬浮率的高低是制剂药效能否发挥作用的重要因素。该指标与药剂的颗粒大小，即细度有关，颗粒直径减小，则悬浮率会升高。

6. 乳液稳定性　乳油类农药制剂质量指标之一。用以衡量乳油加水稀释后形成的乳液中，农药液珠在水中分散状态的均匀性和稳定性。乳油类农药制剂需用水稀释乳液后喷施。农业上使用的乳液绝大多数为水包油（O/W）型，要求液珠能在水中较长时间地均匀分布，油水不分离，使用的乳液中有效成分浓度保持均匀一致，充分发挥药效，避免产生药害。稳定性的优劣与配制乳油时选用的乳化剂的品种和加入量有关。我国制订的乳液稳定性测定标准为：乳油经 342mg/L 标准硬水（钙：镁＝80：20）稀释一定倍数（200 倍、500 倍），搅匀后放入 100mL 量筒中，在 30℃下静置 1h 观察，应没有浮油、沉油或沉淀析出。

7. 成烟率　是烟剂农药的质量指标之一，以烟剂燃烧时农药有效成分在烟雾中的含量与燃烧前烟剂中农药有效成分含量的百分比表示。烟剂在燃烧发烟过程中，其有效成分受热力作用，只有挥发或升华成烟的部分才有防治效果，其余受热分解或残留在渣中。烟剂有效成烟率要求大于 80％。

8. 倾倒性　是农药悬浮剂、悬乳剂的质量指标之一。将一定量的样品置于容器内，放置一定时间后，按照规定程序进行倾倒，滞留在容器内试样的量与样品量的百分比，即为倾倒性。农药具有较好的倾倒性时，可以降低农药在转移过程中的损失。我国农药标准中通常规定：倾倒后残余物不大于 5.0％，洗涤后残余物不大于 0.5％，容器内表面的光洁程度会影响实际测量结果。

（三）农药助剂质量

农药助剂是指除有效成分以外的任何被有意地添加到农药产品中，本身不具备农药活性，但能够提高或改善，或者有助于提高或改善该产品的物理、化学性质的单一组分或者多个组分的混合物。其本身一般没有生物活性，但是在剂型配方中或施药时是不可缺少的添加物。每种农药助剂都有特定的功能：有的起稀释原药的作用；有的可帮助原药均匀地分散在制剂中；有的可防止粒滴凝聚变大；有的可增加粒子的湿润性、黏附性或渗透性；有的可防止有效成分的分解；有的可增加施药的安全性，等等。总之，农药助剂的功能，不外乎改善农药的物理或化学性能，最大限度地发挥药效或有助于安全施药。农药助剂是随剂型加工和施药技术的进步而发展的。早期的无机农药很少使用助剂。自有机农药发展以后，各种助剂也随之发展起来。随着剂型的多样化和性能的提高，助剂也向多品种、系列化发展，以适应不同农药品种不同剂型加工的需要，并出现了专门的配方加工技术。

农药助剂质量决定农药产品的稳定性、分散性、安全性、渗透性等方面性能。选用好的农药助剂用于农药加工可以促进农药药效的发挥，提高农药的有效利用率；反之，选用质量不好的农药助剂加工农药，不但会影响产品质量，造成农药结块、分层、分解等，还会影响使用技术和防治效果。

（四）农药包装材料

农药包装材料是指用于制造农药包装容器、包装装潢、包装印刷、包装运输等满足产品包装要求所使用的材料。农药包装要便于生产、运输、销售、使用，确保贮存安全，抗腐蚀、防泄漏，具有遮光、阻隔水分、抗产品氧化、在产品质量保证期内确保物理和化学性能的稳定、保持药效的作用。农药生产企业应保证所生产的产品的包装符合《农药包装通则》（GB 3796）要求，并经质量检验部门进行检验，出具合格证。当用户与生产厂对包装质量产生争议时，用户有权按《农药包装通则》（GB 3796）要求对其进行复检，如复检结果不符合标准要求时，用户有权拒收或退货。

农药制剂根据剂型、用途、毒性及物理化学性质进行包装。瓶装液体制剂包装容器要配有合适的内塞及外盖或带衬垫的外盖，倒置不应渗漏。农药的内包装材料应坚固耐用，不与农药发生任何物理和化学作用而损坏产品，不溶胀，不渗漏，不影响产品的质量。可采用的内包装材料有：玻璃、高密度聚乙烯氟化材料、塑料、金属、复合材料、铝箔和纸袋纸等。

三、农药质量的现状

根据农业部通报，2010—2012 年，全国抽查农药产品 14 513 批次，合格样品 12 686 批次，不合格样品 1 827 批次，合格率为 87.4%。其中未检出标明有效成分（或其中一种有效成分）的 709 批次，占不合格总数的 38.8%；有效成分含量不足的 940 批次，占不合格总数的 51.4%；检出隐性成分的 513 批次，占不合格总数的 28.1%，其中添加高毒农药的 126 批次，占 24.6%。

2010 年共抽查农药 4 407 批次，合格样品 3 797 批次，合格率为 86.2%。其中未检出标明有效成分（或其中一种有效成分）的 250 批次，占不合格总数的 41.0%；有效成分含量不足的 291 批次，占不合格总数的 47.7%；检出其他隐性成分的 173 批次，占不合格总数的 28.4%。

2011 年共抽查农药产品 5 197 批次，合格样品 4 547 批次，合格率为 87.5%。其中未检出标明有效成分（或其中一种有效成分）的 254 批次，占不合格总数的 39.1%；有效成分含量不足的 345 批次，占不合格总数的 53.1%；检出其他隐性成分的 172 批次，占不合格总数的 26.5%，其中添加高毒农药的 67 批次，占 39.0%。

2012 年共抽查农药产品 4 909 批次，合格样品 4 342 批次，合格率为 88.4%。其中未检出标明有效成分（或其中一种有效成分）的 205 批次，占不合格总数的 36.2%；有效成分含量不足的 304 批次，占不合格总数的 53.6%；检出其他隐性成分的 168 批次，占不合格总数的 29.6%，其中添加高毒农药的 59 批次，占 35.2%。

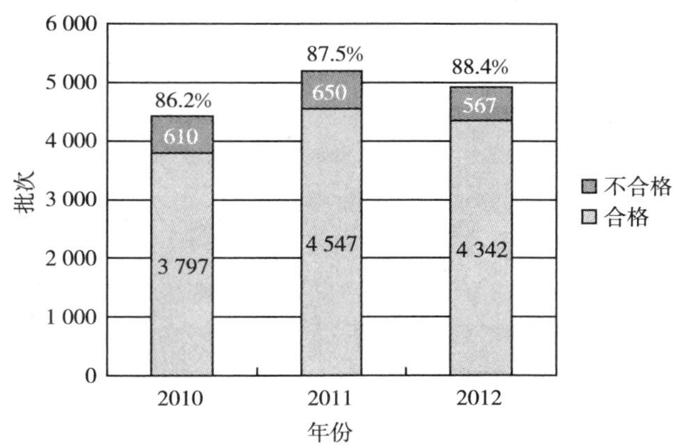

据农业部通报，2010—2012 年，全国检查农药产品标签 14 696 个，合格 11 897 个，合格率为 81.0%。2 799 个不合格标签中，假冒、伪造、无农药登记证号或农药登记证过期的有 1 287 个，占不合格总数的 46.0%；农药名称、有效成分含量和剂型标注不符合规定的有 859 个，占不合格总数的 30.7%；扩大使用范围的 921 个，占不合格总数的 32.9%；毒性标识不符合规定的有 437 个，占不合格总数的 15.6%；安全间隔期等注意事项标注不符合规定的有 696 个，占不合格总数的 24.9%；商标等标注不符合规定的有 735 个，占不合格总数的 26.2%；企业名称及联系方式标注不符合规定的有 325 个，占不合格总数的 11.6%；生产日期或批号不符合规定的有 87 个，占不合格总数的 3.1%。

从发展来看，农药产品标签的规范情况也大致经历了三个时期。

第一个时期是 1995 年以前，产品种类少，标签形式规范。

第二个时期是1997—2007年，由于企业数量和产品数量剧增，缺少管理规定，标签五花八门。主要表现在：一是商品名混乱，企业不使用已批准的商品名而另外乱起商品名。某某“霸”“王”“灵”“绝”“杀”“光”和“黑旋风”“青面兽”等人物名悉数登场，五花八门。有的在登记的名称前后乱加“复方、复合、增效、Ⅰ型、Ⅱ型”等字符，更有甚者不标明有效成分的中文通用名称或者在极不显眼的位置用跟包装材料颜色相似的极小的字体标明，目的就是不让人看清楚，误导消费者。二是扩大防治范围。一种是直接扩大，登记的、未登记的全都标在上面。另一种是间接扩大，登记的防治范围单列出来，未登记的则标明专家建议使用对象，还有的甚至把高毒农药的适用作物也扩大到蔬菜、水果上。三是乱打荣誉名号。有的直接标上洋企业名称，有的标原料由国外提供，有的称是由某某权威机构监制、推荐，有的标称获得了某某金奖，让消费者难以分辨。究其原因，一方面是生产经营者受利益驱动制作违规标签。农药市场已从卖方市场进入买方市场，一些传统农药产品的利润空间已经很小，市场竞争要求农药生产企业不断推出新产品，具有雄厚财力和科技实力的企业顺应形势，积极研制开发新农药投放市场。而一些实力不那么强大以及抱有投机心理的企业则换汤不换药，把一些老产品换换包装，改个名称，扩大几个防治对象再投放市场。如普通的20％三唑磷乳油摇身一变成了“螟虫绝”，而10％吡虫啉乳油则变成了“蚜虱霸”。本来防治棉花棉铃虫的宣称能防治棉花所有害虫，价格当然比原产品高许多倍。许多企业就靠价格混乱牟取暴利，面对混乱的市场，一些大企业有时也不得不如法炮制。另外，一些规模较大的经营单位则为了独占本地市场而向企业订购农药产品。结果是企业按经营单位的要求设计标签，主要是名称和防治范围的不同，造成不同地区销售的同一种产品标签不一样，这些行为引发了农药市场标签的混乱，企业和经营单位就在混乱中攫取高额利润。另一方面是经营人员素质低。进货渠道混乱，中小规模的农药经营单位的从业人员大都缺乏必需的农药和植保方面的基础知识，有的甚至连字都不认识，缺乏对标签的鉴别力，进货时随意性大。有的不到合法批发商处进货，有的图便宜从流动批发商处进货，加剧了标签的混乱。其三是农民对农药相关知识所知不多，盲目求新求全。大多数农民按习惯或销售人员推荐及看小报广告买药。且对打着“增效”“复方”“最新”等旗号的、防治对象多的产品情有独钟。而对那些严格按登记内容标明防治对象的产品却想当然地认为既然防治的病虫这么少，效果肯定不好。结果标签规范的产品反而不如不规范的卖得好，这反过来助长了生产企业修改标签夸大效果以迎合农民心理。

第三个时期是2008年至今，国家推行农药管理六项新规定，标签逐步规范。

2008年农业部推行农药管理六项新规定是，出台《农药标签管理办法》，取消农药商品名，推行通用名或简化通用名，标签的质量和规范程度明显提高。

四、农药质量的简易识别

选用农药时，应根据病、虫、草、鼠发生情况及作物生长时期，结合农药安全间隔期。前期用药，可选购一些安全间隔期相对较长的农药品种；接近采收期，必须选用高效、低毒、易分解、低残留的农药品种。

选购农药时可从农药标签及包装外观上识别真假、从农药物理形态上识别优劣、用简单的理化性能测试方法进行检查等方法来简易识别农药质量。

（一）从农药标签及包装外观上识别真假

1. 标签内容　要求注明产品名称、农药登记证号、产品标准号、生产许可证号（或生产批准文件号）以及农药的有效成分、含量、重量、产品性能、毒性、用途、使用方法、生产日期、有效期、注意事项和生产企业名称、地址、邮政编码、电话号码等，分装农药，还应注明分装单位（进口农药产品没有产品标准号和生产许可证号或生产批准文件号）。

2. 产品名称　标签上必须标明农药通用名称，包括中文通用名称和英文通用名称。

3. 产品包装　相同计量的相同产品包装应相同。

4. 产品合格证　产品包装箱内都应附有产品出厂检验合格证。

5. 私自分装的农药产品　即是大包装散卖，没有办理相应的分装登记证，一般都没有标签，出了问题，难以追究责任。

（二）从农药物理形态上识别优劣

1. 粉剂、可湿性粉剂　应为疏松粉末，无团块，颜色均匀。

2. 乳油　应为均相液体，无沉淀或悬浮物。

3. 悬浮剂、悬乳剂　应为可流动的悬浮液，无结块，长期存放，可能存在少量分层现象，但经摇晃后应能恢复原状。

4. 熏蒸片剂　熏蒸用的片剂如呈粉末状，表明已失效。

5. 水剂　应为均相液体，无沉淀或悬浮物，加水稀释后一般也不出现混浊沉淀。

6. 颗粒剂　产品应粗细均匀，不应含有许多粉末。

第二节　农药质量管理体系

我国的农药质量管理正从产品的有效性管理为主向产品的有效性和安全性

管理并重转变，农药管理法律法规体系、农药登记评价体系和农药监督管理执法体系逐步完善，更加注重对人类健康和环境安全的评价和管理。

一、法律法规体系

1997 年 5 月 8 日，中华人民共和国《农药管理条例》（以下简称《条例》）颁布施行标志着我国农药行业管理由政策管理进入了法治管理阶段，《条例》于 2001 年 11 月 29 日进行了修订。2011 年农业部又启动《条例》的修订工作。1999 年 7 月 23 日，农业部颁布《农药管理条例实施办法》（以下简称《办法》），《办法》于 2007 年 12 月 8 日进行了修订。2002 年起农业部陆续出台了《农药限制使用管理规定》和农业部公告 194 号、199 号、274 号、322 号等，加强农药的管理。2008 年起实施了《农药标签和说明书管理办法》《关于修订〈农药管理条例实施办法〉的决定》《农药登记资料管理规定》《农药名称登记核准管理公告》《关于规范农药名称命名和农药产品有效成分含量公告》等 6 项规章和规范性文件。在全国层面上形成了条例、办法、规定和公告等四个层级的农药管理制度。

从地方层面来看，天津、浙江、湖北、海南 4 省（直辖市）出台了《天津市农药管理条例》《浙江省农作物病虫害防治条例》《湖北省植物保护条例》和《海南经济特区农药管理若干规定》等地方法规，对农药管理法律法规进行补充完善。山西、上海、湖南、甘肃等省份以规章的形式发布了农药经营许可管理的相关规定；辽宁省和宁夏回族自治区以省（自治区）农业行政主管部门文件的形式对高毒、剧毒农药的经营相关问题进行了规范；辽宁营口，山东烟台、潍坊、泰安、安丘、寿光，广东中山，陕西商洛等八个市以政府的名义发文对农药经营进行了规范。国家、省级（自治区、直辖市）和市级三级农药管理法制体系基本形成。

二、登记评价体系

1982 年 4 月 10 日农业部、林业部、化工部、卫生部、商业部、国务院环境保护领导小组联合发布《农药登记规定》（[82] 农业保字第 10 号），并成立了农药登记评审委员会。同年，农业部颁布《农药登记规定实施细则》。1997 年《条例》规定我国农药登记分为药效试验、临时登记和正式登记三个阶段。药效试验有效期 3 年，临时登记有效期 1 年（可续展 2 次），正式登记有效期 5 年（可续展多次）。目前，农药登记实行三级管理制度，一级是省级农业行政主管部门所属的检定管理机构进行初审，二级由农业部进行复审，最后由临时登记或正式登记评审委员会进行终审。临时登记评审委员会由 18 名专家组成，每月召开评审会投票评审，超过 2/3 同意票数的产品通过评审。正式登记评审委员会由农业部、工信部、卫生部等 35 名专家组成，每年召开新产品评审会投票评审，超过 2/3 同意票数的产品通过评审。

农药登记评审的内容包括产品化学、毒理资料、环境资料、药效资料和残留资料等五大方面。产品化学主要是对有效成分的识别、物理化学性质、控制项目及指标、检测方法等进行评估。毒理资料主要是对急性毒性、亚慢（急）性毒性、致突变性、慢性毒性、致癌性和迟发性神经毒性进行评估。环境资料主要是对农药的环境行为和环境毒性进行评估。药效资料主要对防治对象、防治效果及对作物安全性等进行评估。残留资料主要对其在农作物中的代谢、农产品残留和检测方法进行评估。登记评价包含了生产运输、应用效果、人畜安全、环境影响和农产品安全等全方位的评价，农药登记评价体系逐步完善。为了提高农药的安全性，提高了农药产品化学方面的要求，强化对原药中的 0.1%以上的杂质的控制。严格相同产品认定的要求，提供详细的全组分分析报告，注重对产品有关杂质的审定；明确产品理化指标规定以及检测要求，为产品风险评估提供了基础性数据；提高对产品质检报告的要求，不仅要对登记产品进行全项检测，强化对登记产品各项指标检测方法的验证。

在技术能力建设方面，除通过持续组织全国性的检验能力验证活动外，更多参加国际组织的能力验证，提升检测人员素质，使检验能力与安全管理要求相匹配。另外，按照农药良好实验室考核管理办法、农药理化分析良好实验室规范准则、农药残留试验良好实验室规范和农药环境安全评价良好实验室规范的要求，加快建设农药良好实验室，推动农药安全性评价数据的国际互认工作、提升我国农药管理的国际地位和农药行业走出去的技术支撑。

三、监督执法体系

目前，我国基本形成了以农业行政主管部门为主，质监、工商和工信等部门为辅的农药监督执法体系。2003 年，中央财政在政府收支科目的农业大类中设立了执法监管科目，专项用于农业法制建设、执法监督、农产品质量监督、农资打假与市场监管等方面的支出，为各级农业部门争取同级财政部门支持、将农业执法经费纳入财政预算奠定了基础，很多地方已据此将农业执法经费纳入了当地财政预算。2004 年，农业部提出了“六要六禁止”要求，加强执法队伍建设。2007 年，农业部提出“五有”标准，即有机构编制、有执法队伍、有执法手段、有执法制度、有执法效果，推进执法规范化建设，加强对执法人员的法律和专业知识的培训考核，建立健全执法人员资格管理制度和岗位培训制度。据农业部网站报道，截至 2010 年底，全国已有 220 个市、2 137

个县开展了农业综合执法，15个省份实现了县级农业综合执法全面覆盖，成立了8个省级农业综合执法总队，全国在岗农业执法人员25 479人。目前，农业系统已形成了以农药检定管理部门牵头负责的条线监督执法模式和以农业综合执法为主的块状监督执法模式两大体系。

今后一个时期，农药监督执法和专项整治力度将进一步加大，农药的监督管理将长期保持高压态势。一是农药的监管重心从农药批发市场向两头延伸。一方面加强对生产源头的监测监管；另一方面侧重于基层乡村农药经营点的监管，加强对生产源头和基层农药市场进行监督抽查。二是农药管理方向将产品质量与安全性并重。地方政府因农产品安全问题，更加注重农药产品隐性成分的监测和查处。实行日常监测与专项检查相结合、监督抽检与执法打击相结合，强化农药质量和标签监督抽查，以保障农产品质量安全。三是加大处罚曝光力度。新修订的《农药管理条例》将建立问题产品通报制度，并依法采取公开曝光、限期整改、撤销登记、行业禁入、高额处罚等强有力的处罚措施，以减少农药对农业生产、人类健康和环境安全的影响。

第三节　农药隐性成分

20世纪90年代以前，我国农药生产条件和能力不足，农药产品处于供不应求的阶段，生产农药的企业均为国有企业，农药产品质量基本稳定可靠。90年代后期，随着改革开放的深入，科技能力和水平的提高，民营农药企业迅速发展，农药产能极速提升，产品日渐丰富，市场竞争激烈，假冒伪劣产品也逐渐增多，农药质量合格率在低位徘徊。2008年，农业部推行农药管理六项新规定后，各地加强农药管理，市场秩序逐步规范，产品质量逐年提升。总的来看，中国农药行业产品质量大致经历三个阶段，一是1996年之前，产品供不应求，质量稳定可靠期；二是1997—2007年，产品丰富多样，质量低位徘徊期；三是2008年至今，产品产能充盈，质量稳定向好期。当前，农药产品质量问题已由“短斤缺两”向“添油加醋”转变，非法添加隐性成分已发展成为农药产品的最主要质量问题之一。

一、农药隐性成分的定义

所谓农药隐性成分是指在批准登记的农药产品或其他相关产品中添加了未经农药登记管理机关批准的，且具有生物活性的其他农药成分。添加隐性农药成分的目的有三：一是为提高农药产品的防治效果；二是为降低农药产品的成本；三是为逃避农药管理法规的监管。

二、农药隐性成分的现状

（一）农药隐性成分的概况

据农业部监测，2010—2012年共检出非法添加隐性成分的农药产品513批次，占总抽样数的3.53%，占1 827批次不合格样品的28.1%，其中添加高毒农药的126批次，占24.6%。2010年，检出非法添加隐性成分的173批次，占不合格样品总数的28.4%。2011年，检出非法添加隐性成分的172批次，占不合格样品总数的26.5%，其中添加高毒农药的67批次。2012年，检出非法添加隐性成分的168批次，占不合格样品总数的29.6%，其中添加高毒农药的59批次。

表2-2 农业部2010—2012年农药抽检结果

年份	抽查数（批次）	不合格数（批次）	假劣（批次）	占不合格数的比例（%）	非法添加隐性成分（批次）	占不合格数的比例（%）
2010	4 407	610	250	41.0	173	28.4
2011	5 197	650	254	39.1	172	26.5
2012	4 909	567	205	36.2	168	29.6
合计	14 513	1 827	709	38.8	513	28.1

（二）农药隐性成分的种类

从近年来的监测结果看，添加隐性农药成分的种类有：①添加国家禁用或限用的农药，以提高药效，降低成本。主要的农药成分有对硫磷、甲基对硫磷、甲拌磷、特丁硫磷、甲基异柳磷、灭多威、克百威、水胺硫磷、氟虫腈、硫丹等；②在生物农药或常规农药中添加拟除虫菊酯类和广谱性农药成分，以提高防效。主要的农药成分有高效氯氟氰菊酯、氯氰菊酯、三氟氯氰菊酯、氰戊菊酯、联苯菊酯、毒死蜱、敌百虫、辛硫磷、马拉硫磷、阿维菌素、溴虫腈、虫螨腈、丁硫克百威、氟铃脲、三唑磷、杀扑磷、丙溴磷、乐果、异丙威等；③添加专一性农药成分，以扩大防治范围。如螺螨酯、炔螨特、哒螨灵、三氯杀螨砜、啶虫脒、吡虫啉、噻嗪酮、灭蝇胺等；④添加专利农药成分，以保证防效。如氯虫苯甲酰胺、氟虫双酰胺等；⑤杀菌剂中添加杀菌剂，以保证防效。其添加成分如三唑酮、福美双、霜脲氰等；⑥除草剂中添加除草剂。如莠去津、2甲4氯、丁草胺、乙草胺、西草净、烟嘧磺隆等。

从近3年的监测结果分析，非法添加隐性成分的513批次农药产品中检出次数最多的前10个隐性成分分别是克百威96次、特丁硫磷77次、高效氯氟氰菊酯75次、氯氰菊酯（包括高效氯氰菊酯）65次、毒死蜱42次、甲拌磷

35 次、哒螨灵 34 次、马拉硫磷 25 次、啶虫脒 24 次、灭多威 17 次。

（三）含隐性成分农药的特点

非法添加隐性成分的农药产品主要有三个特点：一是杀虫剂多，监测到的非法添加成分以杀虫杀螨剂为主，监测到的 50 种成分中 39 种为杀虫剂，占 78%；二是添加成分为有机磷和拟除虫菊酯类农药多，主要添加有机磷和拟除虫菊酯类农药有 20 种，占 40%；三是液体制剂多，含有隐性成分的农药以乳油、水乳剂居多。

三、农药隐性成分的危害

（一）影响农业生产安全

农药中非法添加隐性成分，极易造成养蚕、养蜂和水产养殖业的重大生产事故，也导致农产品安全问题时有发生。2010 年 5 月，浙江省桐乡市出现 1 000 余张春蚕上蔟（成熟幼虫移到特定场所让其吐丝结茧的过程）后死亡事件，各方专家均无法作出明确结论。经浙江省农药检定管理所调查和检测确定，稻草中残留菊酯类农药，三个稻草样中分别含有浓度为 0.897mg/kg、0.544mg/kg 和 1.223mg/kg 的氯氟氰菊酯，因菊酯类农药对蚕剧毒，致使蚕在稻草上结茧时死亡。其根本原因是某农药生产企业在其水稻用农药中非法添加氯氟氰菊酯所致。2011 年 10 月，浙江省桐乡、海宁两市发生大面积秋蚕上山不结茧事件，涉及 400 余农户，蚕种 1 000 多张，直接经济损失 200 万元以上，经鉴定分析确定，原因是在种桑养蚕地区使用的农药中非法添加隐性成分吡丙醚（具有保幼激素功能）所致。

此外，还可能给水产养殖业、养蜂业等造成重要安全隐患。我们发现，在防治稻飞虱、稻纵卷叶螟等水稻害虫的多种农药产品中非法添加了拟除虫菊酯类农药，由于菊酯类农药对水生动物毒性极大，水稻田水排入河道或养殖区域极易造成水生动物大量死亡的生产事故。有些农药产品中添加了氟虫腈，而氟虫腈对蜜蜂和虾蟹特别敏感，从而造成水产养殖生产事故，这样的案例近年来在各地时有发生。非法添加隐性成分行为不仅容易导致农业生产事故，还可能诱发群体急性事件，而影响社会稳定。

（二）影响农产品质量安全

当前，农产品质量安全问题已成为社会关注、政府重视、消费者关心的热点问题。当今国内外农药残留限量标准日趋严格，有些高毒高风险农药残留限量设置为“不得检出”或 0.01mg/kg 的“最低检出限”、“一律标准”，因隐性成分而导致农药残留超标问题却时有发生。如海南“农残超标豇豆”事件与添加隐性成分不无关系。2012 年，浙江在农产品质量例行监测中发现，平阳县某农业企业生产的番茄、嘉善县某农业企业生产的草莓等大棚蔬果检出克百威残留超标。生产者反映生产过程中未曾使用过克百威或丁硫克百威，经调查和检测分析发现，标称为安阳市某生物科技有限公司的蚜螨虱一熏净烟剂（生产日期 2011 年 12 月 17 日）非法添加了 1.9％克百威，标称为山西某实业有限公司生产的异丙威 10％烟剂（批号 2011 年 5 月 8 日）非法添加 2.3％克百威，从而导致番茄残留超标。这不仅影响农产品安全还严重影响我国农产品出口。近些年，我国农产品屡遭进口国的查扣与封杀，其中有些“农残超标”情况，究其原因就在源头的农药使用上存在问题，其中不排除所用农药中添加隐性成分引起的，这在国际贸易中给我国农产品的声誉造成了极坏的影响。

（三）严重危及人的生命安全

有些非法添加成分是属于高毒违禁药物，极易造成人畜急性中毒或慢性中毒。此外，非法添加隐性成分的农药，一旦中毒，不能对症下药，给救治带来极大的困难，直接危及人的生命安全。例如最常见的有机磷农药中添加菊酯类农药，由于两者的作用机理不同，救治所采用的措施是不同的，有时甚至是截然相反的。有机磷农药的毒害作用是抑制胆碱酯酶的活性，造成乙酰胆碱的积累，使人的神经及肺脏、肾脏等脏器发生病变，救治时采用的是拮抗剂和胆碱酯酶复合剂。而菊酯类农药作为一种神经毒剂，它的毒害作用主要是抑制一些 ATP 酶的活性，而改变细胞膜的渗透性，救治时往往采用利尿、补液、激素等措施。如果是两类药混合中毒，问题就非常严重，不仅有机磷类农药会抑制菊酯类农药的水解，还会给有机磷类农药的解毒剂阿托品的使用带来困难，容易造成过量“阿托化”，往往导致患者的死亡。

（四）干扰农业重大生物灾害防控

首先，每当发生重大农业生物灾害时，农业行政和农技推广部门根据各监测网点的监测数据分析灾情和发生特点，根据一系列药效试验和示范的结果，以农业生产稳产、高产和生态安全为基础综合分析，制定出行动策略和技术措施，有针对性地通过多种途径发布信息，告诉农户什么时候用药和用什么药。在农药中随意添加隐性物质，完全打乱了防控策略和部署，既影响防效，造成浪费，又会引发诸如抗性、生态安全等许多不良后果。其次，这种做法将加速害虫抗性的产生。近几年来，我国稻飞虱大暴发及稻纵卷叶螟大发生几乎都与害虫的抗性有关，其后果已经快到了“无药可用”的窘境。自从 20 世纪 60 年代各国相继报道害虫对有机氯、有机磷产生抗性以来，抗性的产生与农药是否合理使用有紧密关系，这已经成为共识，所以各国都提出一套合理用药、综合防治、轮换用药等抗性治理方案。应该说任何一个农药品种，在不合理使用的条件下都会产生抗性，不仅在实验室条件下，只要连续不断地用某一农药刺激某一些害虫，经若干代后都会产生抗性，而在生产实践中我们已经一而再、再而三的经历过沉痛教训。在常用农药中掺入了某些农药，相当于在实验室里不断地用某一些农药刺激某一害虫一样，在这种人为的选择压力下，肯定导致很快产生抗性的后果。再次，这种行为极易造成害虫再猖獗。菊酯类农药造成稻飞虱再猖獗的后果，已经成为国内外关于害虫再猖獗的经典例子。不合理地在稻田使用菊酯类农药后，往往杀伤大量天敌，导致稻田生态失去自然调控能力，造成害虫产生抗性，并刺激稻飞虱的生长繁殖。而目前在水稻用药中非法添加较多的就是菊酯类农药，长此以往，必将造成小虫成大灾的局面。

列举以上非法添加隐性成分的危害性，应该足以引起生产者、销售者、使用者和有关部门对这一问题的重视。中华人民共和国《农药管理条例》第三十一条明确规定：禁止生产、经营和使用假农药。下列农药为假农药：

“（一）以非农药冒充农药或者以此种农药冒充他种农药的；

“（二）所含有效成分的种类、名称与产品标签或者说明书上注明的农药有效成分的种类、名称不符的。”

因此，非法添加隐性成分的行为是严重的违规违法行为。违反了《中华人民共和国产品质量法》《中华人民共和国标准化法》《中华人民共和国食品卫生法》《中华人民共和国农产品质量安全法》《中华人民共和国消费者权益保护法》《农药管理条例》等法律法规。根据 2013 年 5 月 3 日，最高人民法院和最高人民检察院司法解释，非法添加高毒、高残留或者明令禁止农药的行为，已触犯《刑法》，已构成刑事犯罪。

第三章　农药隐性成分检测鉴定技术

第一节　气相色谱法在隐性成分鉴定中的应用

气相色谱法（gas chromatography，GC）是以惰性气体为流动相的柱色谱法，是一种物理化学分离方法。这种分离方法是基于物质溶解度、蒸气压、吸附能力、立体化学等物理化学性质的微小差异，而使其在流动相和固定相之间的分配系数有所不同，当两相做相对运动时，组分在两相间进行连续多次分配，达到彼此分离的目的。现代气相色谱已普遍采用内径小而长的毛细管色谱柱用来装载固定相，其表面积大，气体渗透性强，理论塔板数高；流动相是携带被气化样品的载气。在进行色谱分析时，主要考虑两个问题：一是组分要达到完全分离，即色谱峰的间距要大；二是流出峰的峰宽要小，即峰形要尖锐。色谱峰的峰位用保留值来表明，两峰之间保留值差别大小实质上反映了两个组分在柱内移动速率的差别，这是由色谱体系的热力学因素所决定的。色谱峰的峰宽，则与组分在色谱柱中的扩散和传质等运动有关，由色谱动力学因素决定。

气相色谱法广泛应用于农药定性和定量分析。气相色谱分析中的定性分析主要是依据色谱峰的保留值，也就是将待测物质色谱峰的保留值和已知的标准物质的保留值进行对比。其基本依据是：两个相同的物质在相同的色谱条件下，具有相同的保留值。当然，即使保留值完全相同的两个峰，也可能是不同的物质，还需要其他技术最终确定色谱中某个峰是什么物质。

一、气相色谱定性分析方法

色谱保留值（retention value）是表示组分和固定相相互作用的能力，当仪器的操作条件保持不变时，出峰时间的长短，耗用载气或载流体积的大小等参数是一定的。色谱保留值包括死时间、保留时间、校正保留时间、保留体积等。

（一）保留值定性法

气相色谱在分离混合物中的各组分时，各组分可视为溶质，毛细管柱中涂渍的固定液可视为溶剂。色谱柱进行分离混合物时，待测组分从进样开始（经过进样器、柱前后连接管、柱子、检测器等）到柱后出现浓度极大值所需要的时间，称为保留时间（retention time），通常情况下保留值就是保留时间。当载气流速、柱温、固定相性质及含量等条件不变时，通常一个组分只有一个特定的保留时间。

1. 保留指数定性分析法 在对农药进行定性分析时，如果不具备该农药的标样，可以利用文献值对照定性分析，即保留指数定性分析法。该方法是将未知物质的保留值与相同条件下的已知物质的文献保留值进行比较对照，从而对农药进行定性分析。

保留指数（retention index，RI）概念是由 Kovats 在 1958 年提出，它表示物质在固定相的保留值行为，是把组分的保留值用两个分别前后靠近它的正构烷烃来标定，正构烷烃的保留值规定为等于该烷烃分子中碳原子数的 100 倍，待测物的保留指数通过对数内插法求得。保留指数的计算公式如下：恒温分析保留指数计算公式：$RI=100Z+100$ ［$\log t'R$（x）$-\log t'R$（z）］/［$\log t'R$（$z+1$）$-\log t'R$（z）］，式中：$t'R$ 为校正保留时间，Z 和 $Z+1$ 分别为目标化合物（x）流出前后的正构烷烃所含碳原子的数目；变温分析保留指数计算公式：$RI=100Z+100$ ［TR（x）$-$ TR（z）］/［TR（$z+1$）$-$ TR（z）］，式中：TR（x），TR（z），TR（$z+1$）分别代表组分及碳数为 Z，$Z+1$ 正构烷烃的保留温度。

保留指数仅与柱温和固定相性质相关，与色谱条件无关。因此，即使不同实验室之间的测定重现性也非常好，精度可达±0.03 个指数单位。

用保留指数定性时需要知道被测的未知物是属于哪一类的化合物，再根据文献上给出的该类化合物所用的固定相和柱温等色谱条件测定未知物和已知物，并计算它的保留指数，然后再与文献中所给出的保留指数进行对照，从而得出未知物的定性分析结果。

2. 已知物对照分析法 如果一个实验室具备较多的已知农药标样，利用已知农药直接对照定性无疑是最简单的定性方法。该方法是将未知物和已知物在同一根色谱柱上，用相同的色谱条件进行分析，对色谱峰保留值进行对比，从而对未知物进行初步定性。利用保留值进行直接比较，要求载气的流速和柱温一定要恒定。载气流速的微小波动，柱温的微小变化，都会使保留值发生改变，从而影响对物质的定性。为避免载气流速和柱温等的变化而引起的保留时间的变化对定性的影响，可以采用相对保留值和用已知标样增加峰高的方法进行定性分析。

（二）相对保留值定性法

相对保留值就是在相同色谱操作条件下，被测组分与内标物质的保留值之比。由于相对保留值是在完全相同的色谱条件下对被测组分和内标物质进行测定，因此，当载气的流速和柱温发生变化时，被测组分和内标物质的保留值同时发生变化，而它们的比值也就是相对保留值会保持不变。也就是说相对保留值仅与柱温和固定相的性质有关，可以作为定性的可靠参数。

（三）添加已知农药标样定性法

对未知样品进行测定得到其色谱图后，在未知样品中加入一定量的疑似未知物的已知农药标样，然后在相同的色谱条件下进行测定。对比两张色谱图，哪个峰高增加了，该峰就是加入的已知农药标样的色谱峰。从而对该未知物质进行初步定性。该方法可以克服对比较复杂色谱图保留时间准确确定的困难，这对复杂样品中是否含有某一组分是非常好的方法。

（四）双柱、多柱定性法

利用同一根柱子进行分析比较来进行定性分析，结果的准确度往往不高，特别是对一些同分异构体往往难以区分。所以，利用两根或多根不同极性的柱子，对未知物的保留值与已知物的保留值或文献上的保留值进行对比分析，可以大大提高定性分析结果的准确度。

在非极性柱上各物质基本上是按照沸点由低到高的顺序出峰，而在极性柱上各物质的出峰顺序主要是由其化学结构所决定的。因此，多柱在同分异构体的确认中有很重要的作用。在使用多柱进行定性时，所选用的柱子的极性差别应尽可能的大，极性差别越大，定性分析结果的可信度越高。

两个化合物如果在性能不同的两根或多根色谱柱上有完全相同的保留值，则这两个化合物基本上可以认定为同一化合物。使用的柱子越多，可信度越高。

（五）气相色谱—质谱联用仪定性法

气相色谱—质谱联用仪（GC－MS）中质谱仪可以作为气相色谱的一个检测器，根据总离子色谱图和组分质谱图，可以给出组分的分子结构，给出比较准确的定性结果。

二、气相色谱法在定性分析中的应用

农药定性分析就是要确定各色谱峰代表的农药组分。相对保留值可以作为定性的可靠参数；利用两根或多根不同极性的柱子，对未知物的保留值与已知物的保留值进行对比分析，可以大大提高定性分析结果的准确度。

气相色谱法测定农药隐性成分的步骤：

1. 了解样品的背景：拿到一个待测样品后，要尽可能地掌握待测样品中标称的有效成分的理化性质、生产标准和该产品的生产企业情况等背景资料。

2. 选择合适的色谱柱：根据样品的性质，选择合适的色谱柱，选用程序升温对样品进行检测，根据结果样品的峰数及峰面积的大小，初步判断样品里可能含有几个组分，粗略分析各个成分的含量。锁定怀疑的色谱峰。

3. 在被试样品中加入内标物质或已知农药，分别用三根不同性能的柱子，通过程序升温，测定各自的保留时间和计算它们的相对保留时间，与已知农药的各相对保留时间进行比对，当该化合物与某一农药在三根不同极性色谱柱上的相对保留时间相同时，则可以确定两个化合物是同一物质。

4. 必要时，采用气相色谱—质谱联用方法进一步确认。

第二节　液相色谱法在隐性成分鉴定中的应用

以液体作流动相，液体或固体做固定相的分离技术为液相色谱法（liquid chromatography，LC）。液相色谱的基本概念及理论基础与气象色谱法基本一致，其不同之处是流动相不一样，液体是不可压缩的，其扩散系数只有气体的0.01%～0.001%，黏度比气体大100倍，而密度为气体的1 000倍。这些差别对液相色谱分析中组分的扩散和传质过程影响很大。与气相色谱相比，液相色谱具有不受样品挥发度和热稳定性的限制的优点。

一、液相色谱定性分析方法

用液相色谱法对待测农药进行定性分析，建立一种有效的分析方法非常重要。首先根据样品的分子量、结构、化学性质等来选择色谱柱和流动相等必要的检测条件。然后选择适当的定性分析方法。

（一）标准物质定性法

该方法必须在具有已知农药标样的情况下才能使用。将未知物和已知标样在相同的色谱条件下进行测定，比较未知物和已知标样色谱图的保留时间，对未知物进行初步定性。当然，这也要求色谱条件恒定，为了避免色谱条件的变化而引起的保留时间的变化影响定性分析结果，同气相色谱一样，可采用相对保留时间定性和用已知标样增加峰高法进行进一步定性。

（二）改变流动相定性法

采用液相色谱法测定物质并用同一柱子时，如果流动相发生变化，其保留时间也会发生变化。因此，我们可以通过改变流动相，对待测物质和标准物质进行测定，如果二者为同一物质，则流动相改变后，它们的保留时间变化相同，否则，二者不是同一物质。

（三）双柱、多柱定性法

同气相色谱一样，同一根柱子进行农药定性分析，结果的准确度往往不高，特别对同分异构体往往难以区分，所以在两根或多根极性不同的柱子上，将待测物与标准物质进行测定比较对照，就可以大大提高定性分析结果的准确度。使用的柱子越多，可信度越高。

（四）保留指数定性分析法

保留指数定性分析法即将未知物质的保留值与相同条件下的已知物质的文献保留值进行比较对照对农药进行定性分析的方法。保留指数仅与流动相和固定相性质相关，与色谱条件无关，不同实验室之间的测定重现性也非常好，精确度很高。

用保留值定性时需要知道被测的未知物是属于哪一类化合物，然后根据文献上给出的该类化合物所用的流动相和固定相等色谱条件测定未知物和已知物，并计算它的保留指数，再与文献中所给出的保留指数进行对照，从而给出未知物的定性分析结果。

（五）紫外检测器扫描定性

每一个化合物都有自己的紫外扫描图，可以用液相色谱仪的紫外全扫描功能进行扫描，对待测物和标准物质进行紫外扫描比较，可以初步判定待测物和标准物质是否是同一物质。

二、液相色谱法在定性分析中的应用

液相色谱法测定农药隐性成分的步骤：

1. 了解样品的背景　拿到一个待测样品后，要尽可能多的掌握待测样品中标称的有效成分的理化性质、生产标准和该产品的生产企业情况等背景资料。

2. 初步分析　根据待测样品的性质，选择合适的色谱柱和流动相，如采用甲醇（水）为流动相，先用甲醇比例大的流动相，以便所有能出峰的化合物在一定的时间内全部出峰，再慢慢减少甲醇的比例，确定流动相的比例。通过测定，初步判断待测样品里可能含有的成分。

3. 紫外全扫描　利用液相色谱仪的紫外全扫描功能对待测物和标准物质进行紫外扫描后作比较，观察光谱图是否一致。如果待测物与标样的紫外光谱图不一致，则待测物中不含该农药成分；若相同，则初步判断待测物中可能含有该农药成分。必要时，作进一步鉴定。

4. 标样对比　在相同色谱条件下，对待测样品和标样进行测定。对待测样品中的色谱保留时间与标样的色谱峰进行比对，若其保留时间不相同，则判定不含该农药成分；若待测样品色谱保留时间与农药标样的色谱保留时间相同，则判断待测样品中可能含有标样的成分。

5. 液-质联用仪确认 最后通过液-质联用仪对待测物质的成分进行鉴定。通过对质谱图的解析，最终确认色谱峰的成分。

第三节 质谱法在隐性成分鉴定中的应用

气相色谱法和液相色谱法具有极强的分离能力，但仅以保留时间定性，因此对未知化合物的定性能力较差。相同保留时间的峰不一定就是相同的化合物，这就可能出现色谱的“假阳性”问题，因此不能作为确证方法。质谱（mass spectrometry）是近几十年发展起来的一种分析技术，质谱分析结果可以得到大量的分子结构的信息，例如分子量、分子元素的组成、分子的稳定性、容易裂解的碎片等信息。质谱法既可以对复杂样品进行总离子扫描（total ion scan），也可进行选择离子扫描（selected ion scan），选择离子扫描降低了仪器的背景值，因此大大提高了仪器的灵敏度，因此质谱法对未知化合物具有独特的鉴定能力。将 GC、HPLC 与 MS 联用，彼此扬长避短，无疑是复杂化合物分离和检测的有利工具。

一、质谱定性方法

（一）全扫描一质量色谱定性

对待测物的全扫描质谱图和已知标样的全扫描质谱图进行比较，可以确认待测物和已知标样是否为同一物质。现在许多质谱仪带有农药的检索谱库，可以进行谱库检索。对待测物质进行全扫描，然后在谱库中进行检索，检索出与待测物谱相似的谱库，按照相似度的大小依次列出已知物，从中找出待测物最可能的结构。

（二）选择离子扫描定性

当对待测物种某一含量非常低的物质进行鉴定时，使用全离子扫描，该物质的谱图往往被其他物质或仪器本底信号掩盖。因此需要针对每个检测对象选择特征离子，根据特征离子的质荷比和质量色谱图的保留时间进行定性分析，这样不但可以将目标化合物与干扰物区分开，而且可以区分色谱柱无法分离或无法完全分离的样品。

在应用选择离子扫描时，应尽量选用质量数较大的离子以便排除样品或仪器本底带来的干扰，另外，应选择待测化合物的多个特征离子作为鉴定离子。

（三）多级质谱定性

在质谱分析中选择特定的离子（即母离子），将其进一步打碎，研究其子离子的方法被称为二级或多级质谱分析。三级四级杆质谱仪，有两个质量分析器，第一组四级杆分离母离子，第二组四级杆作为碰撞室，第三组四级杆分析子离子。由于两级质量分析器和碰撞室是串联在一起的，这种质谱仪也被称为串联质谱。

二、质谱在定性分析中的应用

质谱解析一般程序：

1. 根据同位素丰度，在可能的情况下推导出所有峰的元素组成，计算环加双键数值。

2. 检验分子离子是否正确，它必须是谱图中最高质量峰，属奇电子离子，且给合理的中性碎片丢失，标出重要的奇电子离子。

3. 找出基峰，研究分子的概貌。

4. 根据各种信息，给出可能的假设结构。

5. 假设分子结构，对照参考谱图，做出最终确认。

第四节 其他检测技术在隐性成分鉴定中的应用

在检测分析实践中，气相色谱法、液相色谱法、气（液）相质谱法在农药隐性成分定性分析中较为常用。此外顶空气相色谱法、离子色谱法和红外光谱法等也可用于农药隐性成分的鉴定分析。

一、顶空气相色谱法

顶空气相色谱（headspace gas chromatograph，HS－GC），又称液上气相色谱分析。它是在气相色谱仪进样口前面增加一个顶空进样装置的联合操作技术。通常采用进样针在一定条件下对气—液或气—固样品进行萃取吸附，然后在气相色谱分析仪上进行脱附注射，进行检测，专用于分析易挥发的微量成分。

顶空气相色谱可用于农药助剂中限量成分的检测。农药助剂中的苯、甲苯、二甲苯等芳香烃物质具有较强的毒性，农药乳油中还含有一些碳链较短的氯代烷烃和氯代烯烃，也会影响人体肝脏和中枢神经，这些成分对人类和环境都存在潜在风险。鉴于农药中助剂的危害，一些国家和地区专门制定了相关的条例和法规加以管理。如加拿大卫生部有害生物管理局（PMRA）于 2004 年制定了农药助剂的管理法规；我国台湾地区从 1996 年起对农药产品中的助剂也逐渐实行了分类管理，对这些有害成分做了限量规定；我国大陆地区对农药助剂安全性的研究和管理也开始起步，一些相关法规的制定已经进入议事日程。

顶空气相色谱技术，样品前处理过程简单，抗干扰能力强，灵敏度较高，其以简单实用的优点在农药低沸点挥发物质的检测中会发挥越来越重要的作用。

二、离子色谱法

离子色谱法（ion chromatography，IC）是利用离子交换的原理，用电导检测器对阳离子和阴离子混合物作常量和痕量分析的色谱法。虽然大多数农药可用 HPLC 或者 GC 分析，然而对部分不具光学吸收且能够离子化的化合物或者含有的杂质主要为盐的农药，常用的气相色谱、液相色谱分析方法都无法直接定量测定，离子色谱则是较好的选择。如草甘膦，目前在农业生产中应用非常广泛，但它在环境中不易降解，并且易溶于水，可对环境造成污染。由于草甘膦对光弱吸收，采用 HPLC 分离需要进行衍生或低波长紫外吸收，致使测定耗时且灵敏度不高。而草甘膦在水中有较大的电离，采用离子色谱抑制电导可进行很好的检测；三嗪类除草剂作为一种阳离子形态有机化合物可以用阳离子交换柱分离，在紫外波长为 230nm 处检测；对氯苯氧乙酸、吲哚乙酸和吲哚丁酸等植物生长调节剂均可以采用离子色谱法-抑制电导检测法进行测定。

三、红外光谱法

红外光谱（infrared spectra，IS）分析是将一束不同波长的红外射线照射到待测物质，某些特定波长的红外射线被吸收，形成这一分子的红外吸收光谱。每种物质都有由其组成和结构决定的独有的红外吸收光谱，据此可以对物质进行结构分析和鉴定。红外光谱法快速简便，成本较低，不需要对样品进行复杂的预处理，对待测物和标准物质进行红外扫描比较，可以初步判定待测物和标准物质是否为同一物质。

第四章 农药隐性成分检测鉴定实践

第一节 色谱图库的建立

我们按照气相色谱筛选—气相或液相色谱验证—质谱确证的技术路线，分别采用中等极性和弱极性的两种不同毛细管柱（表 4 - 1），选择压力：110.0psi*；总流量：75.8mL/min；进样口温度 270℃；检测器温度 280℃；程序升温：180℃，停 10min，以 10℃/min 速率升至 210℃，停 15min，再以 10℃/min 上升至 270℃，停 45min，测定其保留时间，建立了 144 种农药成分的气相色谱保留时间图库，详见表 4 - 2 至表 4 - 4。在此基础上以毒死蜱作为参照内标，计算相对保留值，建立了相对保留时间分布表，可供隐性成分鉴定使用。详见表 4 - 5。

表 4 - 1 选用的毛细管柱

柱名称	固定相	极性	内径（mm）	长度（mm）	厚度（μm）
Rxi - 17	联苯二甲基聚硅氧烷	中等极性	0.32	30	0.50
Rxi - 5	联苯二甲基聚硅氧烷	弱极性	0.32	30	0.50

表 4 - 2 144 种农药的气相色谱保留时间表

（以英文通用名称字母顺序为序）

单位：min

序号	英文通用名	中文通用名	Rxi - 17 柱	Rxi - 5 柱
1	2，4 - D butylate	2，4 - D丁酯	17.72	14.66
2	2 - methyl - 4 - chlorophenoxyacetic acid	2 甲 4 氯	15.02	无吸收峰
3	abamectin	阿维菌素	无吸收峰	无吸收峰
4	acephate	乙酰甲胺磷	8.45	4.56
5	acetamiprid	啶虫脒	49.51	35.01
6	acetochlor	乙草胺	18.76	14.9

* psi 为非法定计量单位，1psi=6.895kPa。——编者注

（续）

序号	英文通用名	中文通用名	Rxi－17柱	Rxi－5柱
7	acifluorofen	三氟羧草醚	无吸收峰	无吸收峰
8	alachlor	甲草胺	19.73	15.36
9	anilofos	莎稗磷	44.14	36.08
10	atrazine	莠去津	15.3	11.37
11	benazolin-ethyl	草除灵	31.85	20.45
12	bifenthrin	联苯菊酯	37.41	34.98
13	buprofezin	噻嗪酮	33.15	27.46
14	butachlor	丁草胺	29.48	23.94
15	carbendazim	多菌灵	无吸收峰	无吸收峰
16	carbonfuran	克百威	17.85	11.09
17	carbosulfan	丁硫克百威	38.24	34.96
18	cartap	杀螟单	无吸收峰	无吸收峰
19	chlorantraniliprole	氯虫苯甲酰胺	43.06	39.76
20	chlorbenzuron	灭幼脲	9.16	4.91
21	chlorempenthrin	氯烯炔菊酯	15.24	13.84
22	chlorfenapyr	虫螨腈	33.35	29.42
23	chlorothalonil	百菌清	18.39	13.35
24	chlorpyrifos	毒死蜱	23.61	17.73
25	clofentezine	四螨嗪	无吸收峰	无吸收峰
26	clomazone	异噁唑草酮	15.74	11.64
27	cyazofamid	氰霜唑	无吸收峰	无吸收峰
28	cyfluthrin	氟氯氰菊酯	52.08	43.36
29	cyhalofop-butyl	氰氟草酯	42.62	37.3
30	cyhalothrin	氯氟氰菊酯	41.22	37.91
31	cymoxanil	霜脲氰	无吸收峰	7.44
32	cypermethrin	氯氰菊酯	54.53，55.3，55.9	43.9，44.4，45.0
33	cyromazine	灭蝇胺	19.75	11.61
34	d-cyphenothrin	右旋苯氰菊酯	44.66，45.02，45.56	39.1，39.3，39.5
35	decamethrin	溴氰菊酯	78.87	54.07
36	desmedipham	甜菜安	15.43	10.37
37	diazion	二嗪磷	15.05	12.49

（续）

序号	英文通用名	中文通用名	Rxi-17 柱	Rxi-5 柱
38	dichlorfos	敌敌畏	3.64	4.22
39	diethyltoluamide	避蚊胺	10	6.89
40	difenoconazole	苯醚甲环唑	64.60，67.39	48.67，49.96
41	diflubenzuron	除虫脲	5.48	无吸收峰
42	dimefluthrin	四氟甲醚菊酯	21.42	20.07
43	dimethachlon	菌核净	30.87	18.51
44	dimethoate	乐果	17.89	11.03
45	dimethomorph	烯酰吗啉	37.54	31.6
46	dimethyl phthalate	驱蚊酯	9.14	7.04
47	d-phenothrin	右旋苯醚氰	44.73，45.06，45.59	39.2，39.4，39.5
48	d-trans allethrin	富右旋反式丙烯菊酯	23.94	20.88
49	endosulfan	硫丹	30.54，35.39	23.69，29.79
50	esbiothrin	ES-生物烯丙菊酯	23.9	20.84
51	ethofenprox	醚菊酯	50.23	41.3
52	fenamiphos	苯线磷	33.18	24.48
53	fenbutatinoxide	苯丁锡	无吸收峰	无吸收峰
54	fenitrothion	杀螟硫磷	24.41	16.45
55	fenoxaprop-ethyl	噁唑禾草灵	47.38	39.3
56	fenoxaprop-p-ethyl	精噁唑禾草灵	47.28	39.35
57	fenpropathrin	甲氰菊酯	39.67	35.45
58	fenthion	倍硫磷	27.89	17.83
59	fenvalerate	氰戊菊酯	79.7	52.01
60	fipronil	氟虫腈	23.7	20.68
61	flonicamid	氟啶虫酰胺	13.21	7.2
62	fluazinam	氟啶胺	19.45	20.32
63	fluroxypyr	氟草烟	36.75	33.6
64	hexaconazole	己唑醇	31.81	25
65	hexaflumuron	氟铃脲	4.44，5.52	3.55，4.54
66	hexazinone	环嗪酮	42.71	33.44
67	hymexazol	恶霉灵	无吸收峰	无吸收峰
68	imazalil	抑霉唑	32.71	25.41

（续）

序号	英文通用名	中文通用名	Rxi－17 柱	Rxi－5 柱
69	imidacloprid	吡虫啉	无吸收峰	无吸收峰
70	imiprothrin	炔咪菊酯	36.97	31.34，31.83
71	Indoxacarb	茚虫威	无吸收峰	无吸收峰
72	iprobenfos	异稻瘟净	17.47	13.58
73	iprodione	异菌脲	39.52	无吸收峰
74	isocarbophos	水胺硫磷	29.67	18.21
75	isofenphos-methyl	甲基异柳磷	28.05	19.58
76	isoprothiolane	稻瘟灵	35.69	25.63
77	kresoxim-methyl	醚菌酯	35.42	28.16
78	malathion	马拉硫磷	24.57	16.88
79	meperfluthrin	氯氟醚菊酯	31.34	28.5
80	metalaxyl	甲霜灵	22.59	15.63
81	methamidophos	甲胺磷	4.51	2.98
82	methidation	杀扑磷	33.68	22.48
83	methomyl	灭多威	无吸收峰	无吸收峰
84	metolachlor	异丙甲草胺	22.67	17.53
85	metolcarb	速灭威	7.71	4.91
86	metribuzin	嗪草酮	22.89	14.55
87	monocrotophos	久效磷	16.07	9.3
88	myclobutanil	腈菌唑	34.03	27.2
89	napropamide	敌草胺	33.35	24.78
90	nicosulfuron	烟嘧磺隆	4.79	无吸收峰
91	nitenpyram	烯啶虫胺	无吸收峰	无吸收峰
92	omethoate	氧乐果	13.84	7.27
93	oxadiazon	噁草酮	31.62	26.63
94	oxyfluorfen	乙氧氟草醚	32.05	27.44
95	parathion	对硫磷	24.33	17.83
96	parathion-methyl	甲基对硫磷	21.58	14.92
97	penconazole	戊菌唑	28.1	20.37
98	pendimethalin	二甲戊乐灵	26.61	20.25
99	pentmethrin	戊烯氰氯菊酯	17.25，17.91	15.7，16.1，16.3，16.5

（续）

序号	英文通用名	中文通用名	Rxi-17 柱	Rxi-5 柱
100	permethrin	氯菊酯	48.19，48.98	40.36，40.85
101	phenmedipham	甜菜宁	13.8	8.19
102	phorate	甲拌磷	12.99	9.76
103	phosalone	伏杀硫磷	44.37	36.84
104	phosemet	亚胺硫磷	45.54	34.99
105	phosphamidon	磷胺	21.05	14.26
106	phoxime	辛硫磷	33.04，34.89	23.39，29.03
107	picloram	毒莠定	10.49	6.43
108	pirimiphos-methyl	甲基嘧啶磷	22.43	16.33
109	prallethrin	丙炔菊酯	27.54	22.12
110	prochloraz	咪鲜胺	59.09	45.34
111	procymidone	腐霉利	30.4	21.92
112	profenofos	丙溴磷	33.02	25.59
113	prometryn	扑草净	21.24	15.43
114	propamocarb	霜霉威	4.54	4.06
115	propanil	敌稗	20.8	14.48
116	propargite	炔螨特	37.16	33.7
117	propiconazole	丙环唑	36.87，37.08	32.52，32.90
118	pymetrozine	吡蚜酮	35.78	25.36
119	pyridaben	哒螨灵	49.49	40.74
120	pyridaphenthion	哒嗪硫磷	43.23	34.87
121	pyrimethanil	嘧霉胺	16.61	12.52
122	pyriproxyfen	蚊蝇醚	44.83	37.15
123	pyriproxyfen	吡丙醚	44.8	37.12
124	quinalphos	喹硫磷	30.96	21.09
125	quintozene	五氯硝基苯	15.03	12.4
126	rich-d-t-empenthrin	富右旋反式炔丙菊酯	27.69	22.28
127	simetryn	西草净	22.88	15.07
128	spirodiclofen	螺螨酯	49.98	40.5
129	tebuconazole	戊唑醇	37.34	33.4
130	tebufenozide	虫酰肼	无吸收峰	无吸收峰

（续）

序号	英文通用名	中文通用名	Rxi－17 柱	Rxi－5 柱
131	tebufenozide	抑虫肼	无吸收峰	无吸收峰
132	terallethrin	甲烯菊酯	16.39	14.67
133	terbuthylazine	特丁津	15.43	12
134	tetraconazole	四氟醚唑	15.03	14.16
135	tetradifon	三氯杀螨醇	25.2，41.25	17.77，35.28
136	tetramethrin	胺菊酯	41.03	34.89，35.29
137	thiamethoxam	噻虫嗪	30.56，36.14	21.14，32.54
138	thiophanate-methyl	甲基硫菌灵	18.33，35.56	无吸收峰
139	thiram	福美双	无吸收峰	无吸收峰
140	transfluthrin	四氟苯菊酯	15.99	14.92
141	triadimefon	三唑酮	23.06	17.95
142	triazophos	三唑磷	39.17	31.7
143	tricyclazole	三环唑	37.89	26.3
144	trifluralin	氟乐灵	7.62	8.85

表 4－3　144 种农药的气相色谱保留时间表

（以中文通用名称音序排列）

单位：min

序号	英文通用名	中文通用名	Rxi－17 柱	Rxi－5 柱
1	2，4－D butylate	2，4－D 丁酯	17.72	14.66
2	2－methyl－4－chloro-phenoxyacetic acid	2 甲 4 氯	15.02	无吸收峰
3	esbiothrin	ES－生物烯丙菊酯	23.9	20.84
4	abamectin	阿维菌素	无吸收峰	无吸收峰
5	tetramethrin	胺菊酯	41.03	34.89，35.29
6	chlorothalonil	百菌清	18.39	13.35
7	fenthion	倍硫磷	27.89	17.83
8	fenbutatinoxide	苯丁锡	无吸收峰	无吸收峰
9	difenoconazole	苯醚甲环唑	64.60，67.39	48.67，49.96
10	fenamiphos	苯线磷	33.18	24.48
11	pyriproxyfen	吡丙醚	44.8	37.12
12	imidacloprid	吡虫啉	无吸收峰	无吸收峰

（续）

序号	英文通用名	中文通用名	Rxi－17 柱	Rxi－5 柱
13	pymetrozine	吡蚜酮	35.78	25.36
14	diethyltoluamide	避蚊胺	10	6.89
15	propiconazole	丙环唑	36.87，37.08	32.52，32.90
16	prallethrin	丙炔菊酯	27.54	22.12
17	profenofos	丙溴磷	33.02	25.59
18	benazolin-ethyl	草除灵	31.85	20.45
19	chlorfenapyr	虫螨腈	33.35	29.42
20	tebufenozide	虫酰肼	无吸收峰	无吸收峰
21	diflubenzuron	除虫脲	5.48	无吸收峰
22	pyridaben	哒螨灵	49.49	40.74
23	pyridaphenthion	哒嗪硫磷	43.23	34.87
24	isoprothiolane	稻瘟灵	35.69	25.63
25	propanil	敌稗	20.8	14.48
26	napropamide	敌草胺	33.35	24.78
27	dichlorfos	敌敌畏	3.64	4.22
28	butachlor	丁草胺	29.48	23.94
29	carbosulfan	丁硫克百威	38.24	34.96
30	acetamiprid	啶虫脒	49.51	35.01
31	chlorpyrifos	毒死蜱	23.61	17.73
32	picloram	毒莠定	10.49	6.43
33	parathion	对硫磷	24.33	17.83
34	carbendazim	多菌灵	无吸收峰	无吸收峰
35	oxadiazon	噁草酮	31.62	26.63
36	hymexazol	恶霉灵	无吸收峰	无吸收峰
37	fenoxaprop-ethyl	噁唑禾草灵	47.38	39.3
38	pendimethalin	二甲戊乐灵	26.61	20.25
39	diazion	二嗪磷	15.05	12.49
40	phosalone	伏杀硫磷	44.37	36.84
41	fluroxypyr	氟草烟	36.75	33.6
42	fipronil	氟虫腈	23.7	20.68
43	fluazinam	氟啶胺	19.45	20.32

（续）

序号	英文通用名	中文通用名	Rxi－17 柱	Rxi－5 柱
44	flonicamid	氟啶虫酰胺	13.21	7.2
45	trifluralin	氟乐灵	7.62	8.85
46	hexaflumuron	氟铃脲	4.44，5.52	3.55，4.54
47	cyfluthrin	氟氯氰菊酯	52.08	43.36
48	thiram	福美双	无吸收峰	无吸收峰
49	procymidone	腐霉利	30.4	21.92
50	d-trans allethrin	富右旋反式丙烯菊酯	23.94	20.88
51	rich-d-t-empenthrin	富右旋反式炔丙菊酯	27.69	22.28
52	hexazinone	环嗪酮	42.71	33.44
53	hexaconazole	己唑醇	31.81	25
54	methamidophos	甲胺磷	4.51	2.98
55	phorate	甲拌磷	12.99	9.76
56	alachlor	甲草胺	19.73	15.36
57	parathion-methyl	甲基对硫磷	21.58	14.92
58	thiophanate-methyl	甲基硫菌灵	18.33，35.56	无吸收峰
59	pirimiphos-methyl	甲基嘧啶磷	22.43	16.33
60	isofenphos-methyl	甲基异柳磷	28.05	19.58
61	fenpropathrin	甲氰菊酯	39.67	35.45
62	metalaxyl	甲霜灵	22.59	15.63
63	terallethrin	甲烯菊酯	16.39	14.67
64	myclobutanil	腈菌唑	34.03	27.2
65	fenoxaprop-p-ethyl	精噁唑禾草灵	47.28	39.35
66	monocrotophos	久效磷	16.07	9.3
67	dimethachlon	菌核净	30.87	18.51
68	carbonfuran	克百威	17.85	11.09
69	quinalphos	喹硫磷	30.96	21.09
70	dimethoate	乐果	17.89	11.03
71	bifenthrin	联苯菊酯	37.41	34.98
72	phosphamidon	磷胺	21.05	14.26
73	endosulfan	硫丹	30.54，35.39	23.69，29.79
74	spirodiclofen	螺螨酯	49.98	40.5

（续）

序号	英文通用名	中文通用名	Rxi-17 柱	Rxi-5 柱
75	chlorantraniliprole	氯虫苯甲酰胺	43.06	39.76
76	meperfluthrin	氯氟醚菊酯	31.34	28.5
77	cyhalothrin	氯氟氰菊酯	41.22	37.91
78	permethrin	氯菊酯	48.19，48.98	40.36，40.85
79	cypermethrin	氯氰菊酯	54.53，55.3，55.9	43.9，44.4，45.0
80	chlorempenthrin	氯烯炔菊酯	15.24	13.84
81	malathion	马拉硫磷	24.57	16.88
82	prochloraz	咪鲜胺	59.09	45.34
83	ethofenprox	醚菊酯	50.23	41.3
84	kresoxim-methyl	醚菌酯	35.42	28.16
85	pyrimethanil	嘧霉胺	16.61	12.52
86	methomyl	灭多威	无吸收峰	无吸收峰
87	cyromazine	灭蝇胺	19.75	11.61
88	chlorbenzuron	灭幼脲	9.16	4.91
89	prometryn	扑草净	21.24	15.43
90	metribuzin	嗪草酮	22.89	14.55
91	cyhalofop-butyl	氰氟草酯	42.62	37.3
92	cyazofamid	氰霜唑	无吸收峰	无吸收峰
93	fenvalerate	氰戊菊酯	79.7	52.01
94	dimethyl phthalate	驱蚊酯	9.14	7.04
95	propargite	炔螨特	37.16	33.7
96	imiprothrin	炔咪菊酯	36.97	31.34，31.83
97	thiamethoxam	噻虫嗪	30.56，36.14	21.14，32.54
98	buprofezin	噻嗪酮	33.15	27.46
99	acifluorofen	三氟羧草醚	无吸收峰	无吸收峰
100	tricyclazole	三环唑	37.89	26.3
101	tetradifon	三氯杀螨醇	25.2，41.25	17.77，35.28
102	triazophos	三唑磷	39.17	31.7
103	triadimefon	三唑酮	23.06	17.95
104	cartap	杀螟单	无吸收峰	无吸收峰
105	fenitrothion	杀螟硫磷	24.41	16.45

（续）

序号	英文通用名	中文通用名	Rxi-17 柱	Rxi-5 柱
106	methidation	杀扑磷	33.68	22.48
107	anilofos	莎稗磷	44.14	36.08
108	propamocarb	霜霉威	4.54	4.06
109	cymoxanil	霜脲氰	无吸收峰	7.44
110	isocarbophos	水胺硫磷	29.67	18.21
111	transfluthrin	四氟苯菊酯	15.99	14.92
112	dimefluthrin	四氟甲醚菊酯	21.42	20.07
113	tetraconazole	四氟醚唑	15.03	14.16
114	clofentezine	四螨嗪	无吸收峰	无吸收峰
115	metolcarb	速灭威	7.71	4.91
116	terbuthylazine	特丁津	15.43	12
117	desmedipham	甜菜安	15.43	10.37
118	phenmedipham	甜菜宁	13.8	8.19
119	pyriproxyfen	蚊蝇醚	44.83	37.15
120	quintozene	五氯硝基苯	15.03	12.4
121	penconazole	戊菌唑	28.1	20.37
122	pentmethrin	戊烯氰氯菊酯	17.25，17.91	15.7，16.1，16.3，16.5
123	tebuconazole	戊唑醇	37.34	33.4
124	simetryn	西草净	22.88	15.07
125	nitenpyram	烯啶虫胺	无吸收峰	无吸收峰
126	dimethomorph	烯酰吗啉	37.54	31.6
127	phoxime	辛硫磷	33.04，34.89	23.39，29.03
128	decamethrin	溴氰菊酯	78.87	54.07
129	phosemet	亚胺硫磷	45.54	34.99
130	nicosulfuron	烟嘧磺隆	4.79	无吸收峰
131	omethoate	氧乐果	13.84	7.27
132	acetochlor	乙草胺	18.76	14.9
133	acephate	乙酰甲胺磷	8.45	4.56
134	oxyfluorfen	乙氧氟草醚	32.05	27.44
135	metolachlor	异丙甲草胺	22.67	17.53
136	iprobenfos	异稻瘟净	17.47	13.58

（续）

序号	英文通用名	中文通用名	Rxi-17 柱	Rxi-5 柱
137	clomazone	异噁草酮	15.74	11.64
138	iprodione	异菌脲	39.52	无吸收峰
139	tebufenozide	抑虫肼	无吸收峰	无吸收峰
140	imazalil	抑霉唑	32.71	25.41
141	Indoxacarb	茚虫威	无吸收峰	无吸收峰
142	atrazine	莠去津	15.3	11.37
143	d-phenothrin	右旋苯醚氰	44.73，45.06，45.59	39.2，39.4，39.5
144	d-cyphenothrin	右旋苯氰菊酯	44.66，45.02，45.56	39.1，39.3，39.5

表 4-4　144 种农药的气相色谱保留时间表

（以 Rxi-17 柱保留时间为序）

单位：min

序号	英文通用名	中文通用名	Rxi-17 柱	Rxi-5 柱
1	dichlorfos	敌敌畏	3.64	4.22
2	methamidophos	甲胺磷	4.51	2.98
3	propamocarb	霜霉威	4.54	4.06
4	nicosulfuron	烟嘧磺隆	4.79	无吸收峰
5	diflubenzuron	除虫脲	5.48	无吸收峰
6	trifluralin	氟乐灵	7.62	8.85
7	metolcarb	速灭威	7.71	4.91
8	acephate	乙酰甲胺磷	8.45	4.56
9	dimethyl phthalate	驱蚊酯	9.14	7.04
10	chlorbenzuron	灭幼脲	9.16	4.91
11	diethyltoluamide	避蚊胺	10	6.89
12	picloram	毒莠定	10.49	6.43
13	phorate	甲拌磷	12.99	9.76
14	flonicamid	氟啶虫酰胺	13.21	7.2
15	phenmedipham	甜菜宁	13.8	8.19
16	omethoate	氧乐果	13.84	7.27
17	2-methyl-4-chloro-phenoxyacetic acid	2 甲 4 氯	15.02	无吸收峰
18	quintozene	五氯硝基苯	15.03	12.4

（续）

序号	英文通用名	中文通用名	Rxi－17 柱	Rxi－5 柱
19	tetraconazole	四氟醚唑	15.03	14.16
20	diazion	二嗪磷	15.05	12.49
21	chlorempenthrin	氯烯炔菊酯	15.24	13.84
22	atrazine	莠去津	15.3	11.37
23	desmedipham	甜菜安	15.43	10.37
24	terbuthylazine	特丁津	15.43	12
25	clomazone	异噁草酮	15.74	11.64
26	transfluthrin	四氟苯菊酯	15.99	14.92
27	monocrotophos	久效磷	16.07	9.3
28	terallethrin	甲烯菊酯	16.39	14.67
29	pyrimethanil	嘧霉胺	16.61	12.52
30	iprobenfos	异稻瘟净	17.47	13.58
31	2，4－D butylate	2，4－D丁酯	17.72	14.66
32	carbonfuran	克百威	17.85	11.09
33	dimethoate	乐果	17.89	11.03
34	chlorothalonil	百菌清	18.39	13.35
35	acetochlor	乙草胺	18.76	14.9
36	fluazinam	氟啶胺	19.45	20.32
37	alachlor	甲草胺	19.73	15.36
38	cyromazine	灭蝇胺	19.75	11.61
39	propanil	敌稗	20.8	14.48
40	phosphamidon	磷胺	21.05	14.26
41	prometryn	扑草净	21.24	15.43
42	dimefluthrin	四氟甲醚菊酯	21.42	20.07
43	parathion-methyl	甲基对硫磷	21.58	14.92
44	pirimiphos-methyl	甲基嘧啶磷	22.43	16.33
45	metalaxyl	甲霜灵	22.59	15.63
46	metolachlor	异丙甲草胺	22.67	17.53
47	simetryn	西草净	22.88	15.07
48	metribuzin	嗪草酮	22.89	14.55
49	triadimefon	三唑酮	23.06	17.95

（续）

序号	英文通用名	中文通用名	Rxi－17柱	Rxi－5柱
50	chlorpyrifos	毒死蜱	23.61	17.73
51	fipronil	氟虫腈	23.7	20.68
52	esbiothrin	ES－生物烯丙菊酯	23.9	20.84
53	d-trans allethrin	富右旋反式丙烯菊酯	23.94	20.88
54	parathion	对硫磷	24.33	17.83
55	fenitrothion	杀螟硫磷	24.41	16.45
56	malathion	马拉硫磷	24.57	16.88
57	pendimethalin	二甲戊乐灵	26.61	20.25
58	prallethrin	丙炔菊酯	27.54	22.12
59	rich-d-t-empenthrin	富右旋反式炔丙菊酯	27.69	22.28
60	fenthion	倍硫磷	27.89	17.83
61	isofenphos-methyl	甲基异柳磷	28.05	19.58
62	penconazole	戊菌唑	28.1	20.37
63	butachlor	丁草胺	29.48	23.94
64	isocarbophos	水胺硫磷	29.67	18.21
65	procymidone	腐霉利	30.4	21.92
66	dimethachlon	菌核净	30.87	18.51
67	quinalphos	喹硫磷	30.96	21.09
68	meperfluthrin	氯氟醚菊酯	31.34	28.5
69	oxadiazon	噁草酮	31.62	26.63
70	hexaconazole	己唑醇	31.81	25
71	benazolin-ethyl	草除灵	31.85	20.45
72	oxyfluorfen	乙氧氟草醚	32.05	27.44
73	imazalil	抑霉唑	32.71	25.41
74	profenofos	丙溴磷	33.02	25.59
75	buprofezin	噻嗪酮	33.15	27.46
76	fenamiphos	苯线磷	33.18	24.48
77	napropamide	敌草胺	33.35	24.78
78	chlorfenapyr	虫螨腈	33.35	29.42
79	methidation	杀扑磷	33.68	22.48
80	myclobutanil	腈菌唑	34.03	27.2

（续）

序号	英文通用名	中文通用名	Rxi－17 柱	Rxi－5 柱
81	kresoxim-methyl	醚菌酯	35.42	28.16
82	isoprothiolane	稻瘟灵	35.69	25.63
83	pymetrozine	吡蚜酮	35.78	25.36
84	fluroxypyr	氟草烟	36.75	33.6
85	imiprothrin	炔咪菊酯	36.97	31.34，31.83
86	propargite	炔螨特	37.16	33.7
87	tebuconazole	戊唑醇	37.34	33.4
88	bifenthrin	联苯菊酯	37.41	34.98
89	dimethomorph	烯酰吗啉	37.54	31.6
90	tricyclazole	三环唑	37.89	26.3
91	carbosulfan	丁硫克百威	38.24	34.96
92	triazophos	三唑磷	39.17	31.7
93	iprodione	异菌脲	39.52	无吸收峰
94	fenpropathrin	甲氰菊酯	39.67	35.45
95	tetramethrin	胺菊酯	41.03	34.89，35.29
96	cyhalothrin	氯氟氰菊酯	41.22	37.91
97	cyhalofop-butyl	氰氟草酯	42.62	37.3
98	hexazinone	环嗪酮	42.71	33.44
99	chlorantraniliprole	氯虫苯甲酰胺	43.06	39.76
100	pyridaphenthion	哒嗪硫磷	43.23	34.87
101	anilofos	莎稗磷	44.14	36.08
102	phosalone	伏杀硫磷	44.37	36.84
103	pyriproxyfen	吡丙醚	44.8	37.12
104	pyriproxyfen	蚊蝇醚	44.83	37.15
105	phosemet	亚胺硫磷	45.54	34.99
106	fenoxaprop-p-ethyl	精噁唑禾草灵	47.28	39.35
107	fenoxaprop-ethyl	噁唑禾草灵	47.38	39.3
108	pyridaben	哒螨灵	49.49	40.74
109	acetamiprid	啶虫脒	49.51	35.01
110	spirodiclofen	螺螨酯	49.98	40.5
111	ethofenprox	醚菊酯	50.23	41.3
112	cyfluthrin	氟氯氰菊酯	52.08	43.36

（续）

序号	英文通用名	中文通用名	Rxi－17 柱	Rxi－5 柱
113	prochloraz	咪鲜胺	59.09	45.34
114	decamethrin	溴氰菊酯	78.87	54.07
115	fenvalerate	氰戊菊酯	79.7	52.01
116	pentmethrin	戊烯氰氯菊酯	17.25，17.91	15.7，16.1，16.3，16.5
117	thiophanate-methyl	甲基硫菌灵	18.33，35.56	无吸收峰
118	tetradifon	三氯杀螨醇	25.2，41.25	17.77，35.28
119	endosulfan	硫丹	30.54，35.39	23.69，29.79
120	thiamethoxam	噻虫嗪	30.56，36.14	21.14，32.54
121	phoxime	辛硫磷	33.04，34.89	23.39，29.03
122	propiconazole	丙环唑	36.87，37.08	32.52，32.90
123	hexaflumuron	氟铃脲	4.44，5.52	3.55，4.54
124	d-cyphenothrin	右旋苯氰菊酯	44.66，45.02，45.56	39.1，39.3，39.5
125	d-phenothrin	右旋苯醚氰	44.73，45.06，45.59	39.2，39.4，39.5
126	permethrin	氯菊酯	48.19，48.98	40.36，40.85
127	cypermethrin	氯氰菊酯	54.53，55.3，55.9	43.9，44.4，45.0
128	difenoconazole	苯醚甲环唑	64.60，67.39	48.67，49.96
129	cymoxanil	霜脲氰	无吸收峰	7.44
130	abamectin	阿维菌素	无吸收峰	无吸收峰
131	acifluorofen	三氟羧草醚	无吸收峰	无吸收峰
132	carbendazim	多菌灵	无吸收峰	无吸收峰
133	cartap	杀螟单	无吸收峰	无吸收峰
134	clofentezine	四螨嗪	无吸收峰	无吸收峰
135	cyazofamid	氰霜唑	无吸收峰	无吸收峰
136	fenbutatinoxide	苯丁锡	无吸收峰	无吸收峰
137	hymexazol	恶霉灵	无吸收峰	无吸收峰
138	imidacloprid	吡虫啉	无吸收峰	无吸收峰
139	Indoxacarb	茚虫威	无吸收峰	无吸收峰
140	methomyl	灭多威	无吸收峰	无吸收峰
141	nitenpyram	烯啶虫胺	无吸收峰	无吸收峰
142	tebufenozide	虫酰肼	无吸收峰	无吸收峰
143	tebufenozide	抑虫肼	无吸收峰	无吸收峰
144	thiram	福美双	无吸收峰	无吸收峰

表 4-5　144 种农药的相对保留时间表（以毒死蜱为参照内标）

（以中等极性柱 Rxi-17 保留时间为序）

单位：min

序号	英文通用名	中文通用名	Rxi-17 柱	Rxi-5 柱
1	dichlorfos	敌敌畏	0.15	0.24
2	methamidophos	甲胺磷	0.19	0.17
3	propamocarb	霜霉威	0.19	0.23
4	nicosulfuron	烟嘧磺隆	0.20	无吸收峰
5	diflubenzuron	除虫脲	0.23	无吸收峰
6	trifluralin	氟乐灵	0.32	0.50
7	metolcarb	速灭威	0.33	0.28
8	acephate	乙酰甲胺磷	0.36	0.26
9	dimethyl phthalate	驱蚊酯	0.39	0.40
10	chlorbenzuron	灭幼脲	0.39	0.28
11	diethyltoluamide	避蚊胺	0.42	0.39
12	picloram	毒莠定	0.44	0.36
13	phorate	甲拌磷	0.55	0.55
14	flonicamid	氟啶虫酰胺	0.56	0.41
15	phenmedipham	甜菜宁	0.58	0.46
16	omethoate	氧乐果	0.59	0.41
17	2-methyl-4-chlorophenoxyacetic acid	2 甲 4 氯	0.64	无吸收峰
18	quintozene	五氯硝基苯	0.64	0.70
19	tetraconazole	四氟醚唑	0.64	0.80
20	diazion	二嗪磷	0.64	0.70
21	chlorempenthrin	氯烯炔菊酯	0.65	0.78
22	atrazine	莠去津	0.65	0.64
23	desmedipham	甜菜安	0.65	0.58
24	terbuthylazine	特丁津	0.65	0.68
25	clomazone	异噁草酮	0.67	0.66
26	transfluthrin	四氟苯菊酯	0.68	0.84
27	monocrotophos	久效磷	0.68	0.52
28	terallethrin	甲烯菊酯	0.69	0.83
29	pyrimethanil	嘧霉胺	0.70	0.71

（续）

序号	英文通用名	中文通用名	Rxi－17 柱	Rxi－5 柱
30	iprobenfos	异稻瘟净	0.74	0.77
31	2，4－D butylate	2，4－D 丁酯	0.75	0.83
32	carbonfuran	克百威	0.76	0.63
33	dimethoate	乐果	0.76	0.62
34	chlorothalonil	百菌清	0.78	0.75
35	acetochlor	乙草胺	0.79	0.84
36	fluazinam	氟啶胺	0.82	1.15
37	alachlor	甲草胺	0.84	0.87
38	cyromazine	灭蝇胺	0.84	0.65
39	propanil	敌稗	0.88	0.82
40	phosphamidon	磷胺	0.89	0.80
41	prometryn	扑草净	0.90	0.87
42	dimefluthrin	四氟甲醚菊酯	0.91	1.13
43	parathion-methyl	甲基对硫磷	0.91	0.84
44	pirimiphos-methyl	甲基嘧啶磷	0.95	0.92
45	metalaxyl	甲霜灵	0.96	0.88
46	metolachlor	异丙甲草胺	0.96	0.99
47	simetryn	西草净	0.97	0.85
48	metribuzin	嗪草酮	0.97	0.82
49	triadimefon	三唑酮	0.98	1.01
50	chlorpyrifos	毒死蜱	1.00	1.00
51	fipronil	氟虫腈	1.00	1.17
52	esbiothrin	ES－生物烯丙菊酯	1.01	1.18
53	d-trans allethrin	富右旋反式丙烯菊酯	1.01	1.18
54	parathion	对硫磷	1.03	1.01
55	fenitrothion	杀螟硫磷	1.03	0.93
56	malathion	马拉硫磷	1.04	0.95
57	pendimethalin	二甲戊乐灵	1.13	1.14
58	prallethrin	丙炔菊酯	1.17	1.25
59	rich-d-t-empenthrin	富右旋反式炔丙菊酯	1.17	1.26
60	fenthion	倍硫磷	1.18	1.01

（续）

序号	英文通用名	中文通用名	Rxi－17 柱	Rxi－5 柱
61	isofenphos-methyl	甲基异柳磷	1.19	1.10
62	penconazole	戊菌唑	1.19	1.15
63	butachlor	丁草胺	1.25	1.35
64	isocarbophos	水胺硫磷	1.26	1.03
65	procymidone	腐霉利	1.29	1.24
66	dimethachlon	菌核净	1.31	1.04
67	quinalphos	喹硫磷	1.31	1.19
68	meperfluthrin	氯氟醚菊酯	1.33	1.61
69	oxadiazon	噁草酮	1.34	1.50
70	hexaconazole	己唑醇	1.35	1.41
71	benazolin-ethyl	草除灵	1.35	1.15
72	oxyfluorfen	乙氧氟草醚	1.36	1.55
73	imazalil	抑霉唑	1.39	1.43
74	profenofos	丙溴磷	1.40	1.44
75	buprofezin	噻嗪酮	1.40	1.55
76	fenamiphos	苯线磷	1.41	1.38
77	napropamide	敌草胺	1.41	1.40
78	chlorfenapyr	虫螨腈	1.41	1.66
79	methidation	杀扑磷	1.43	1.27
80	myclobutanil	腈菌唑	1.44	1.53
81	kresoxim-methyl	醚菌酯	1.50	1.59
82	isoprothiolane	稻瘟灵	1.51	1.45
83	pymetrozine	吡蚜酮	1.52	1.43
84	fluroxypyr	氟草烟	1.56	1.90
85	imiprothrin	炔咪菊酯	1.57	1.77，1.80
86	propargite	炔螨特	1.57	1.90
87	tebuconazole	戊唑醇	1.58	1.88
88	bifenthrin	联苯菊酯	1.58	1.97
89	dimethomorph	烯酰吗啉	1.59	1.78
90	tricyclazole	三环唑	1.60	1.48
91	carbosulfan	丁硫克百威	1.62	1.97

（续）

序号	英文通用名	中文通用名	Rxi－17 柱	Rxi－5 柱
92	triazophos	三唑磷	1.66	1.79
93	iprodione	异菌脲	1.67	无吸收峰
94	fenpropathrin	甲氰菊酯	1.68	2.00
95	tetramethrin	胺菊酯	1.74	无吸收峰
96	cyhalothrin	氯氟氰菊酯	1.75	2.14
97	cyhalofop-butyl	氰氟草酯	1.81	2.10
98	hexazinone	环嗪酮	1.81	1.89
99	chlorantraniliprole	氯虫苯甲酰胺	1.82	2.24
100	pyridaphenthion	哒嗪硫磷	1.83	1.97
101	anilofos	莎稗磷	1.87	2.03
102	phosalone	伏杀硫磷	1.88	2.08
103	pyriproxyfen	吡丙醚	1.90	2.09
104	pyriproxyfen	蚊蝇醚	1.90	2.10
105	phosemet	亚胺硫磷	1.93	1.97
106	fenoxaprop-p-ethyl	精噁唑禾草灵	2.00	2.22
107	fenoxaprop-ethyl	噁唑禾草灵	2.01	2.22
108	pyridaben	哒螨灵	2.10	2.30
109	acetamiprid	啶虫脒	2.10	1.97
110	spirodiclofen	螺螨酯	2.12	2.28
111	ethofenprox	醚菊酯	2.13	2.33
112	cyfluthrin	氟氯氰菊酯	2.21	2.45
113	prochloraz	咪鲜胺	2.50	2.56
114	decamethrin	溴氰菊酯	3.34	3.05
115	fenvalerate	氰戊菊酯	3.38	2.93
116	hexaflumuron	氟铃脲	0.19，0.23	0.20，0.26
117	pentmethrin	戊烯氰氯菊酯	0.73，0.76	0.89，0.91，092，0.93
118	thiophanate-methyl	甲基硫菌灵	0.78，1.51	无吸收峰
119	tetradifon	三氯杀螨醇	1.07，1.75	1.00，1.99
120	endosulfan	硫丹	1.29，1.50	1.34，1.68
121	thiamethoxam	噻虫嗪	1.29，1.53	1.19，1.84
122	phoxime	辛硫磷	1.40，1.48	1.32，1.64

（续）

序号	英文通用名	中文通用名	Rxi－17柱	Rxi－5柱
123	propiconazole	丙环唑	1.56，1.57	1.83，1.86
124	d-cyphenothrin	右旋苯氰菊酯	1.89，1.91，1.93	2.21，2.22，2.23
125	d-phenothrin	右旋苯醚氰	1.89，1.91，1.93	2.21，2.22，2.23
126	permethrin	氯菊酯	2.04，2.07	2.28，2.30
127	cypermethrin	氯氰菊酯	2.31，2.34，2.37	2.48，2.50，2.54
128	difenoconazole	苯醚甲环唑	2.74，2.85	2.75，2.82
129	cymoxanil	霜脲氰	无吸收峰	0.42
130	abamectin	阿维菌素	无吸收峰	无吸收峰
131	acifluorofen	三氟羧草醚	无吸收峰	无吸收峰
132	carbendazim	多菌灵	无吸收峰	无吸收峰
133	cartap	杀螟单	无吸收峰	无吸收峰
134	clofentezine	四螨嗪	无吸收峰	无吸收峰
135	cyazofamid	氰霜唑	无吸收峰	无吸收峰
136	fenbutatinoxide	苯丁锡	无吸收峰	无吸收峰
137	hymexazol	恶霉灵	无吸收峰	无吸收峰
138	imidacloprid	吡虫啉	无吸收峰	无吸收峰
139	Indoxacarb	茚虫威	无吸收峰	无吸收峰
140	methomyl	灭多威	无吸收峰	无吸收峰
141	nitenpyram	烯啶虫胺	无吸收峰	无吸收峰
142	tebufenozide	虫酰肼	无吸收峰	无吸收峰
143	tebufenozide	抑虫肼	无吸收峰	无吸收峰
144	thiram	福美双	无吸收峰	无吸收峰

注：相对保留时间＝农药保留时间/毒死蜱保留时间

第二节　检测鉴定实例

近年来，我们按照气相（液相）色谱筛查、保留时间比对、标准物质验证和质谱定性确证的思路建立了一套农药隐性成分的检定技术。运用检测鉴定技术对各种渠道获得的农药样品进行隐性成分检测鉴定，检出了一批含有隐性成分的样品，取得了很好的效果。我们将检出隐性成分情况进行分析整理，汇成四大类案例，供读者参考。

第一类是隐含有高毒禁用、限用农药。这些产品主要有毒・唑磷、吡虫啉、啶虫脒和苏云金杆菌等。其中含有的高毒禁用、限用农药的成分主要以水胺硫磷、克百威、对硫磷、甲胺磷和氟虫腈为主。

第二类是隐含有拟除虫菊酯类农药。这类产品范围最广，主要有毒・唑磷、阿维菌素、阿维・毒死蜱、毒死蜱、甲氨基阿维菌素苯甲酸盐、啶虫脒和苏云金杆菌等。其中含有（拟除虫）菊酯类农药的成分主要以（高效）氯氟氰菊酯、（高效）氯氰菊酯、甲氰菊酯、联苯菊酯为主。

第三类是隐含有杀螨类农药。这些产品主要有阿维菌素、唑螨酯、啶虫脒、吡虫啉等。其中含有杀螨类农药的成分主要以螺螨酯、哒螨灵为主。

第四类是隐含有其他成分农药。这些产品主要有苏云金杆菌等生物农药和噻嗪酮等。其中含有氯虫苯甲酰胺、吡蚜酮等相对高效的化学农药。

一、隐含高毒禁用、限用农药案例

案例1　5%啶虫脒可湿性粉剂中含克百威

气相筛选图

柱温：180℃/10min（20℃/min）→210℃/15min（20℃/min）→280℃/15min；气化室温度：260℃；检测室温度：280℃；检测器（分流比）：FID（30∶1）；色谱柱：中等极性（30m×0.32mm×0.25μm）。

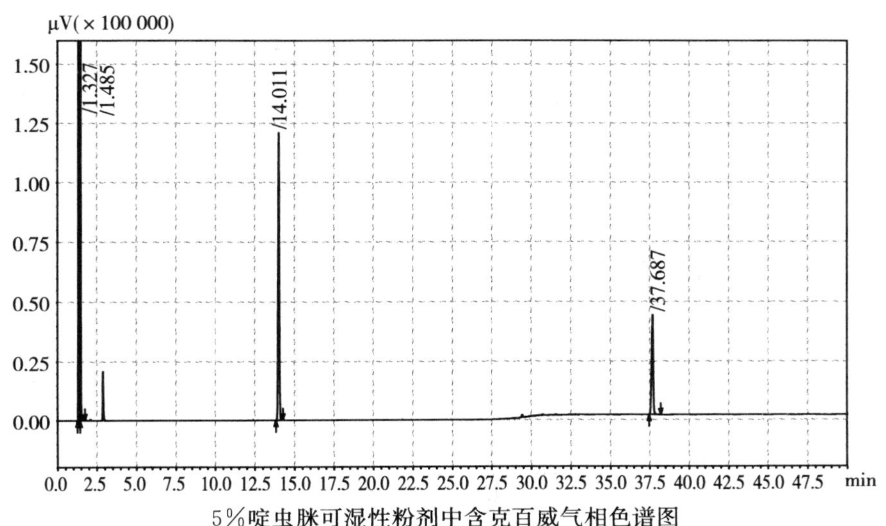

5%啶虫脒可湿性粉剂中含克百威气相色谱图

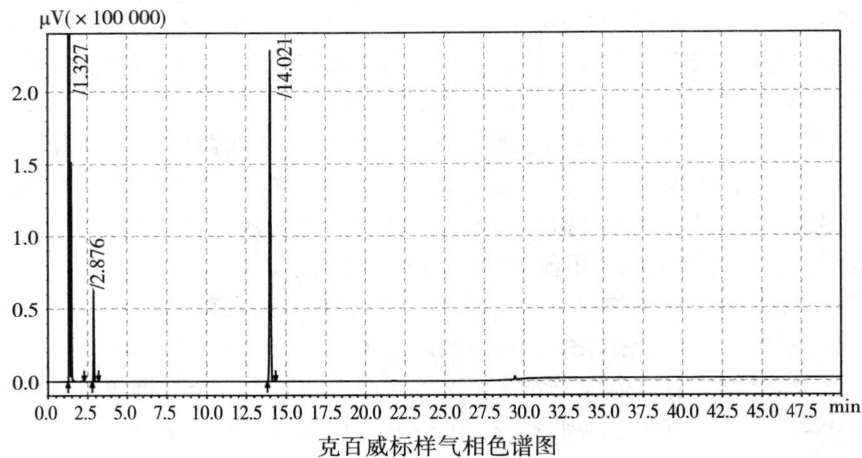

克百威标样气相色谱图

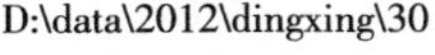

气相色谱—质谱确证图

进样温度：220℃；柱温：80℃/1min（15℃/min）→220℃/1min（20℃/min）→270℃/10min；传输温度：250℃；离子源温度：250℃。

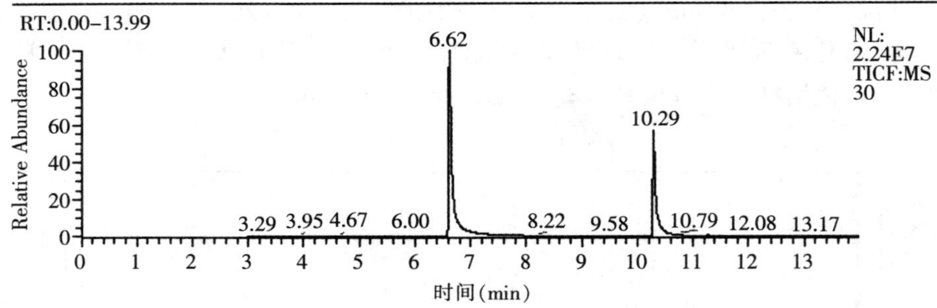

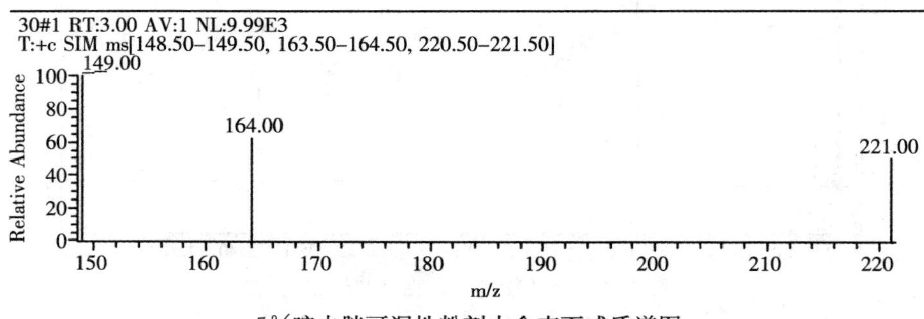

5%啶虫脒可湿性粉剂中含克百威质谱图

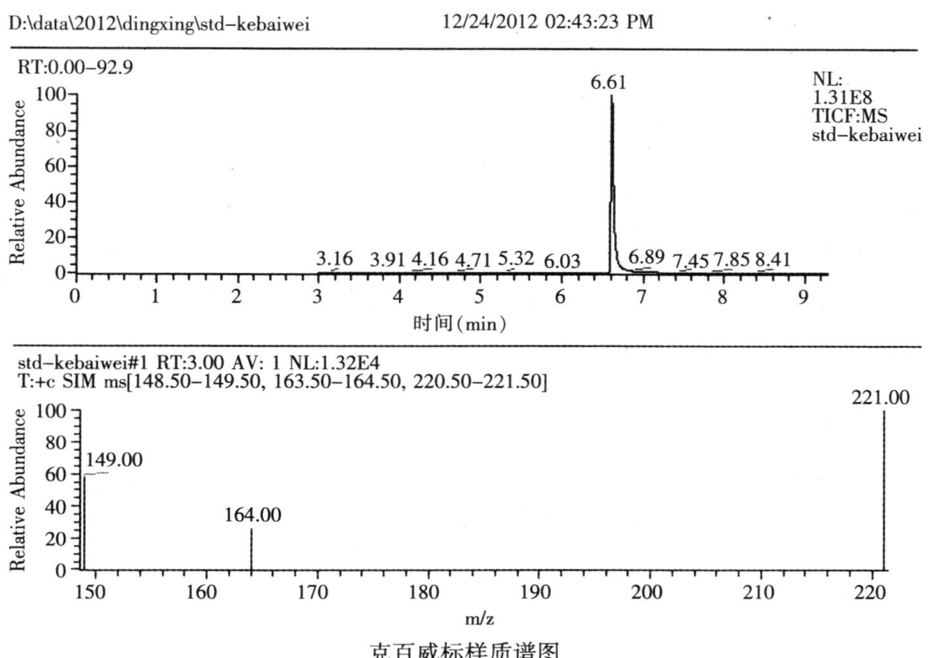

克百威标样质谱图

案例2　0.5%阿维菌素乳油中含克百威

气相筛选图

柱温：180℃/10min（20℃/min）→210℃/15min（20℃/min）→280℃/15min；气化室温度：260℃；检测室温度：280℃；检测器（分流比）：FID

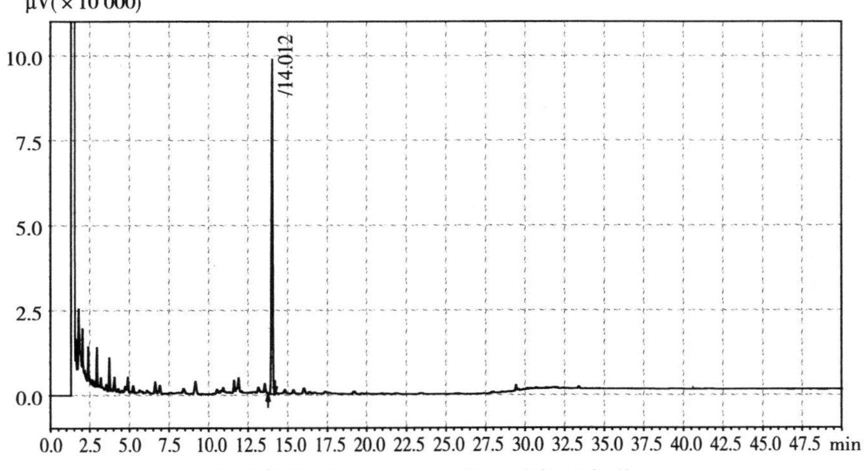

0.5%阿维菌素乳油中含克百威气相色谱图

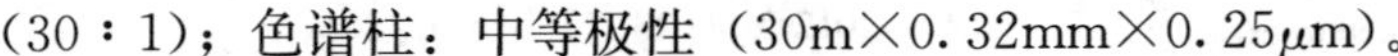

（30∶1）；色谱柱：中等极性（30m×0.32mm×0.25μm）。

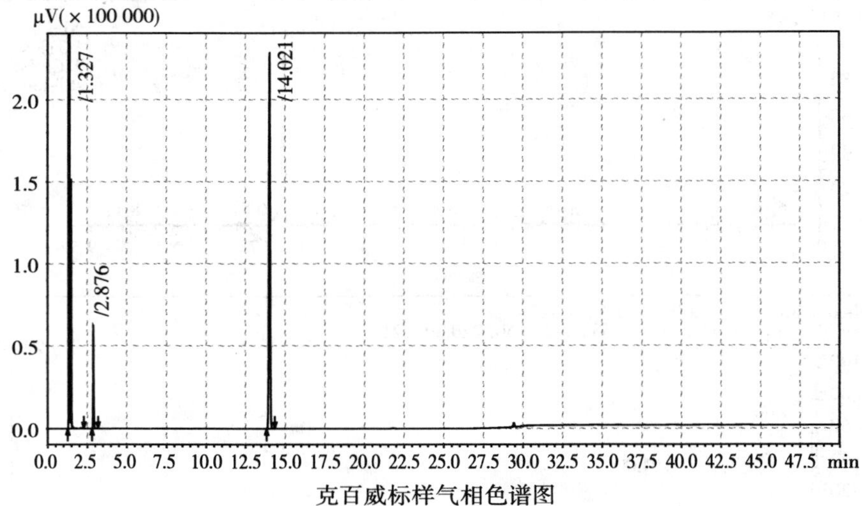

克百威标样气相色谱图

气相色谱—质谱确证图

进样温度：220℃；柱温：80℃/1min（15℃/min）→220℃/1min（20℃/min）→270℃/10min；传输温度：250℃；离子源温度：250℃。

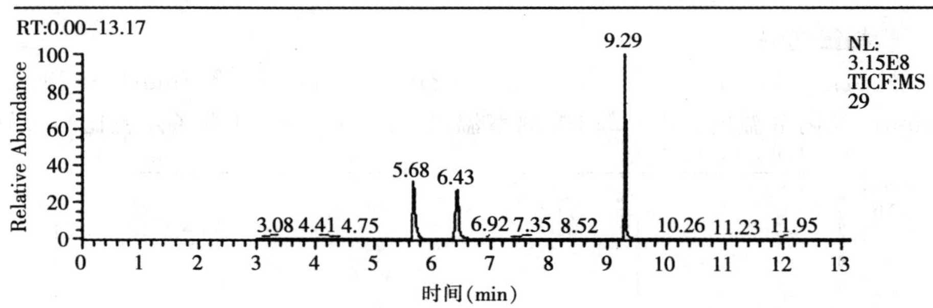

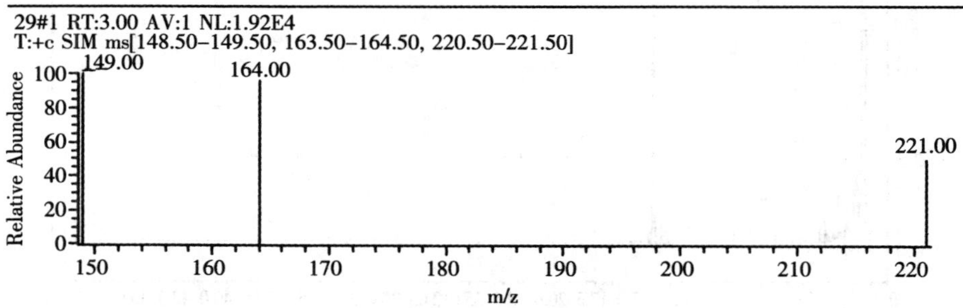

0.5%阿维菌素乳油中含克百威质谱图

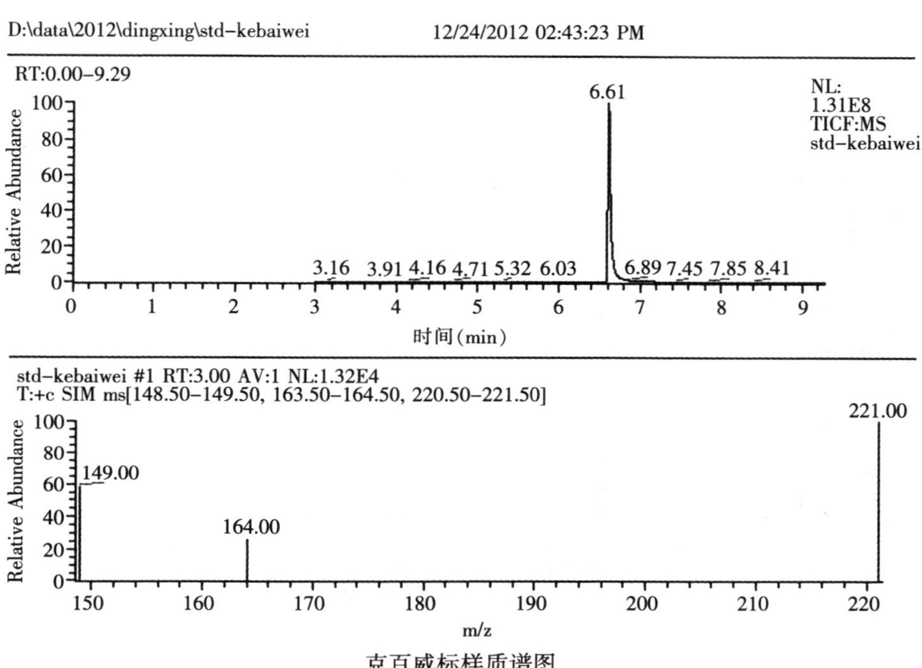

克百威标样质谱图

案例3　10%异丙威烟剂中含克百威

气相筛选图

柱温：180℃/10min（20℃/min）→210℃/15min（20℃/min）→280℃/15min，气化室温度：280℃，检测室温度：280℃；检测器（分流比）：FID

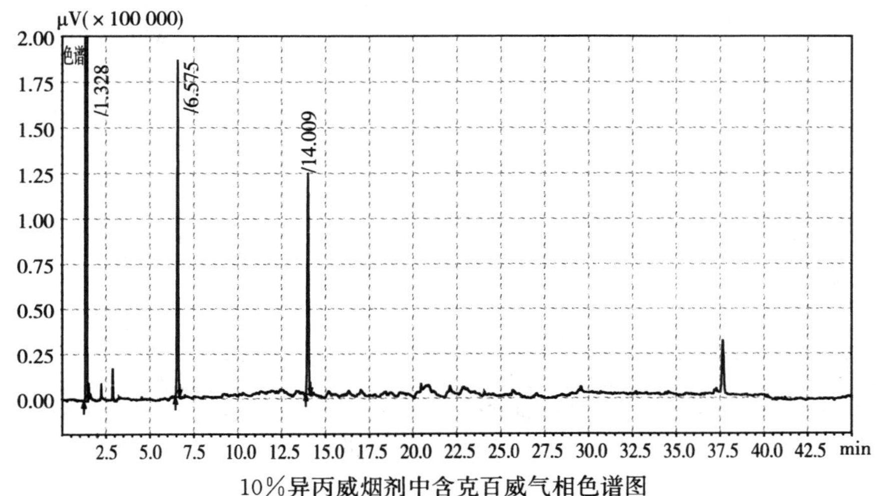

10%异丙威烟剂中含克百威气相色谱图

（30∶1）；色谱柱：中等极性（30m×0.32mm×0.25μm）。

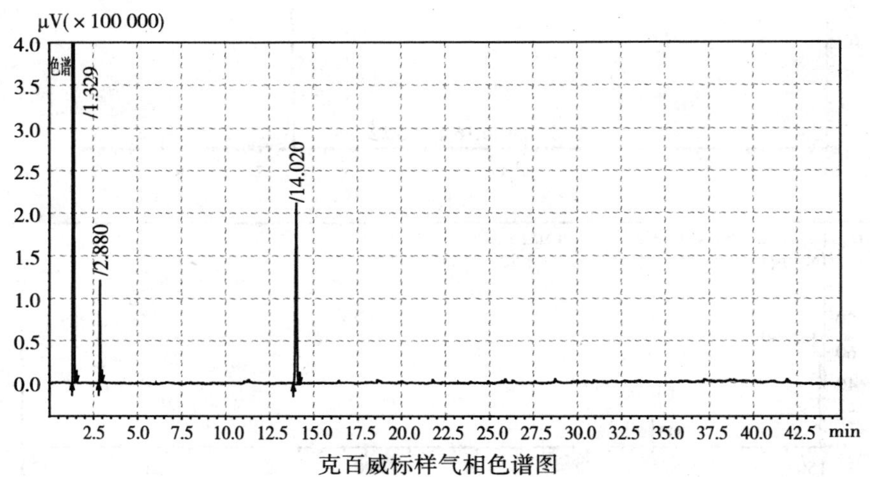

克百威标样气相色谱图

液相色谱验证图

柱子：C18（250mm×4.6mm）流动相：甲醇＋水（88＋12）；波长：280；流速：1.2mL/min。

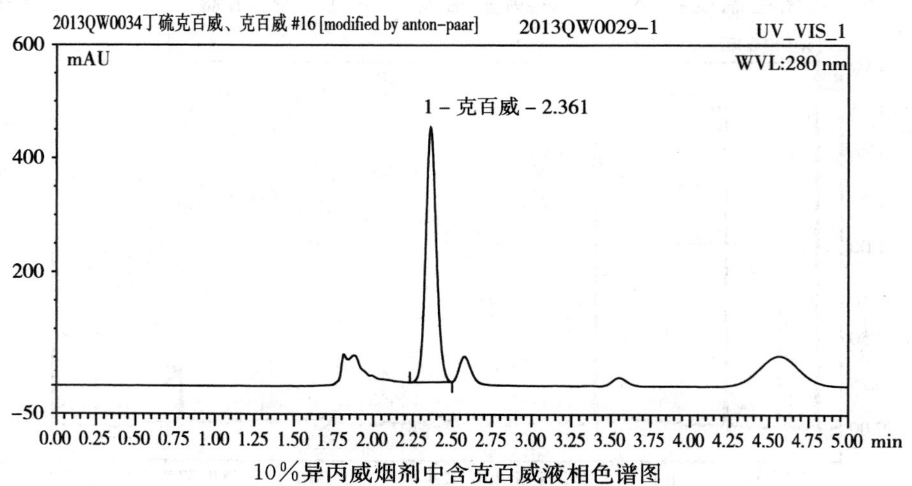

10%异丙威烟剂中含克百威液相色谱图

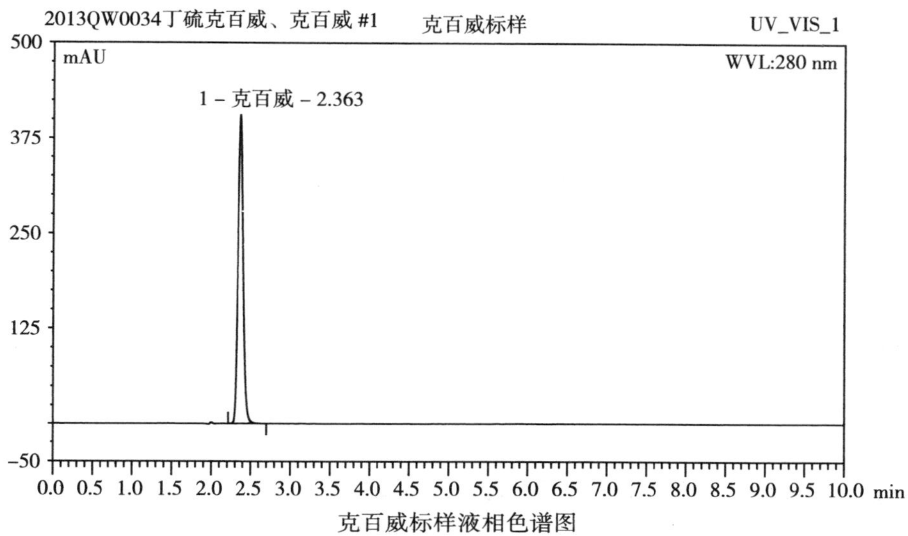

克百威标样液相色谱图

紫外吸收验证图

二极管阵列检测器，溶剂：甲醇，色谱纯

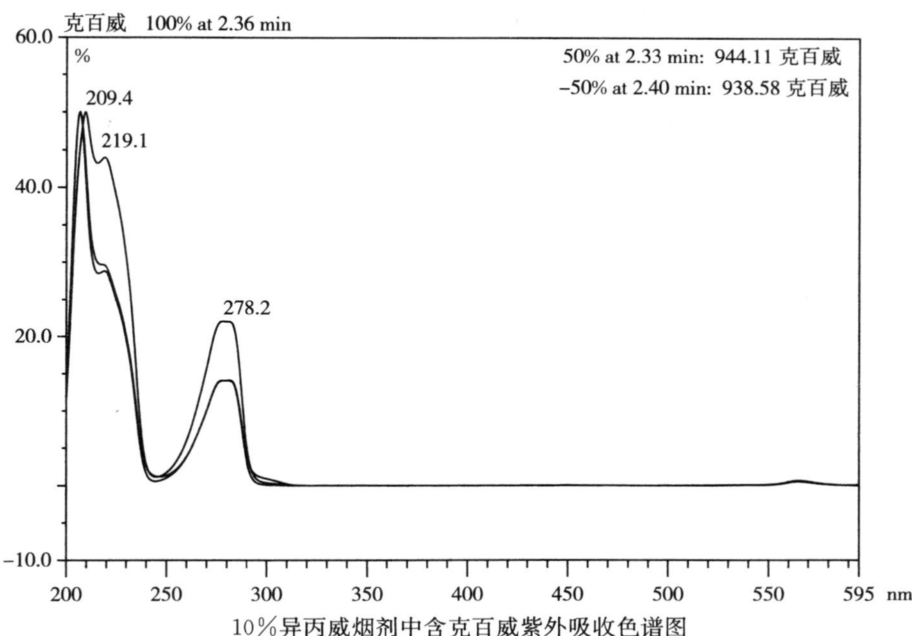

10％异丙威烟剂中含克百威紫外吸收色谱图

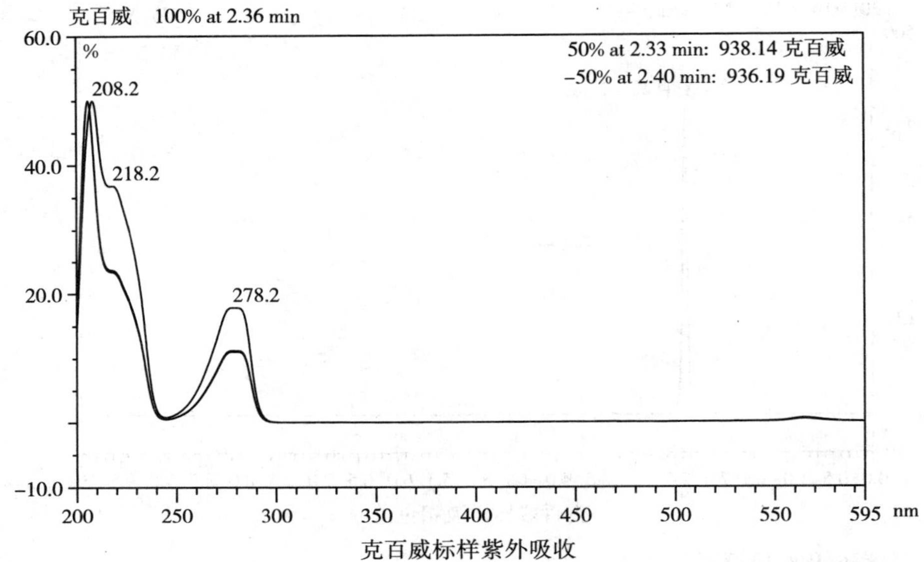

克百威标样紫外吸收

案例 4　25g/L 联苯菊酯乳油中含克百威

气相筛选图

柱温：190℃/10min→245℃/35min（15℃/min），气化室温度：260℃，检测室温度：270℃。

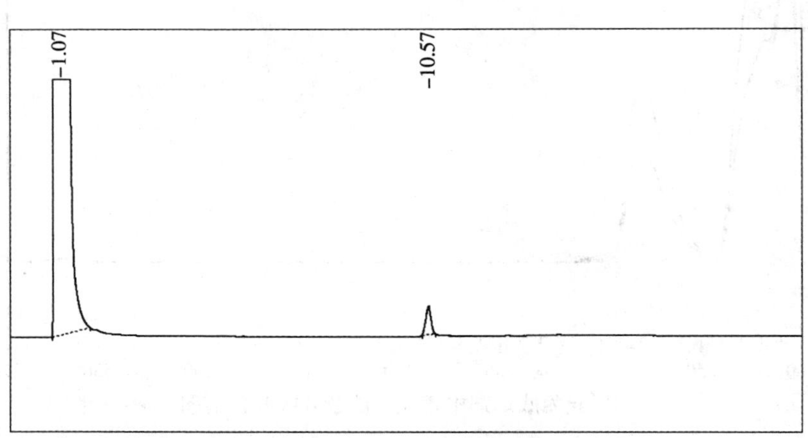

25g/L 联苯菊酯乳油中含克百威

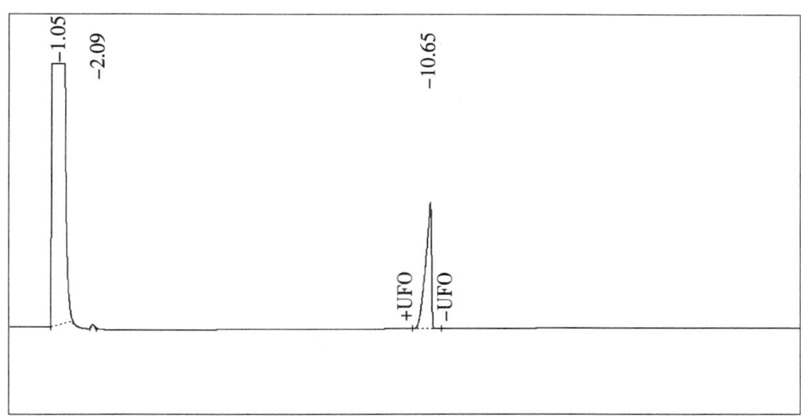

克百威标样气相色谱图

液相色谱验证图

柱子：C18（250mm×4.6mm）流动相：甲醇＋水（60＋40）；波长：280；流速：1.0mL/min。

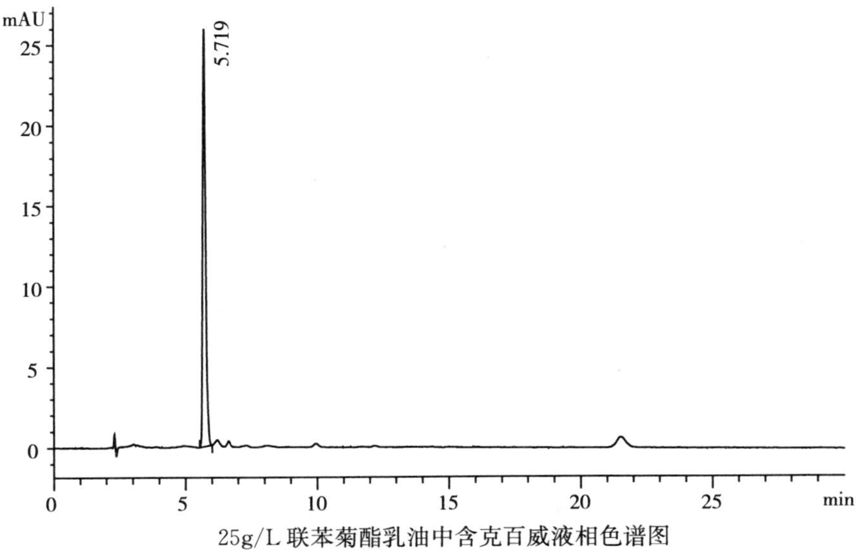

25g/L 联苯菊酯乳油中含克百威液相色谱图

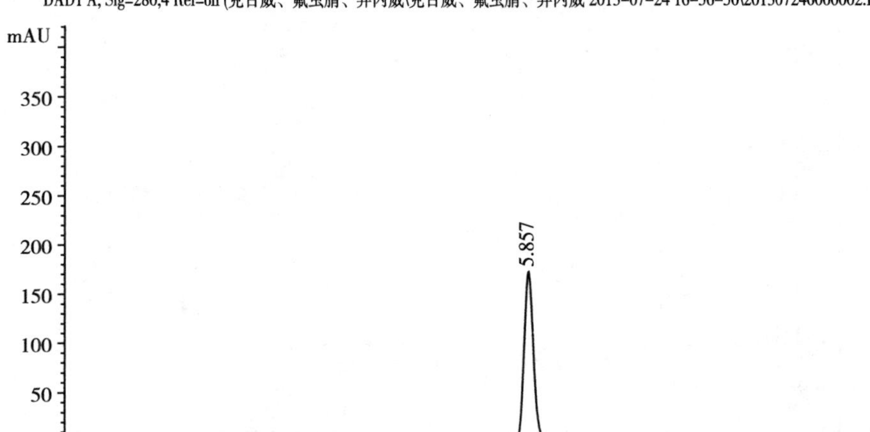

克百威标样液相色谱图

紫外吸收验证图

二极管阵列检测器，溶剂：甲醇，色谱纯。

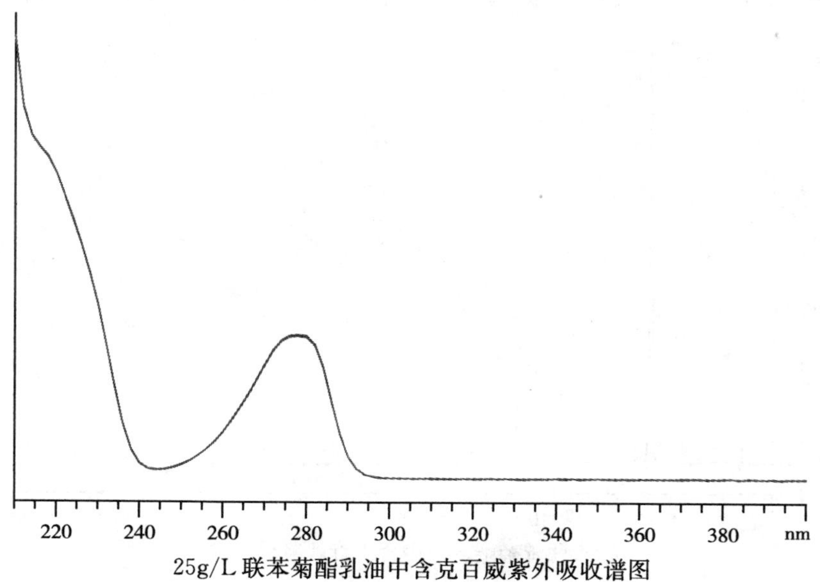

25g/L 联苯菊酯乳油中含克百威紫外吸收谱图

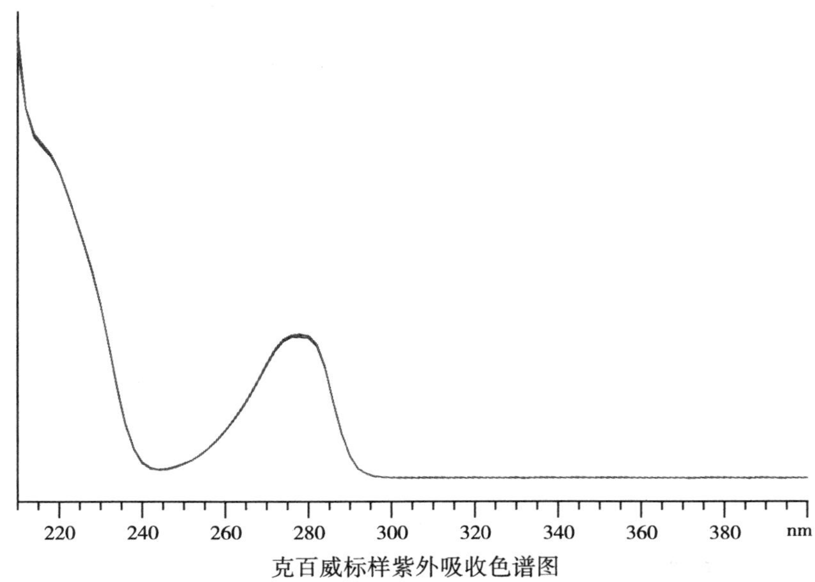

克百威标样紫外吸收色谱图

案例5　5g/L 甲氨基阿维菌素苯甲酸盐乳油中含克百威

气相筛选图

柱温：190℃/10min→245℃/35min（15℃/min），气化室温度：260℃，检测室温度：270℃。

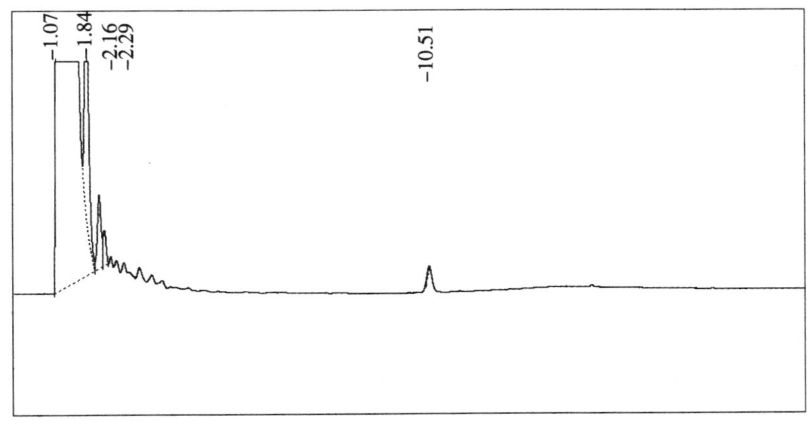

5g/L 甲氨基阿维菌素苯甲酸盐乳油中含克百威气相色谱图

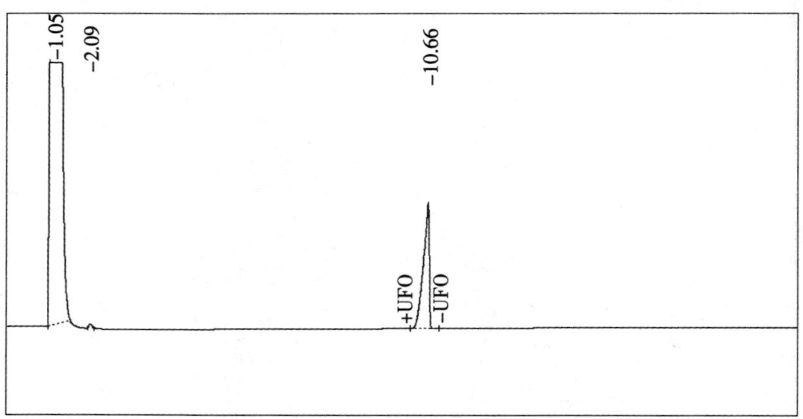

克百威标样气相色谱图

液相色谱验证图

柱子：C18（250mm×4.6mm）流动相：乙腈+水（60+40）；波长：280；流速：1.0mL/min。

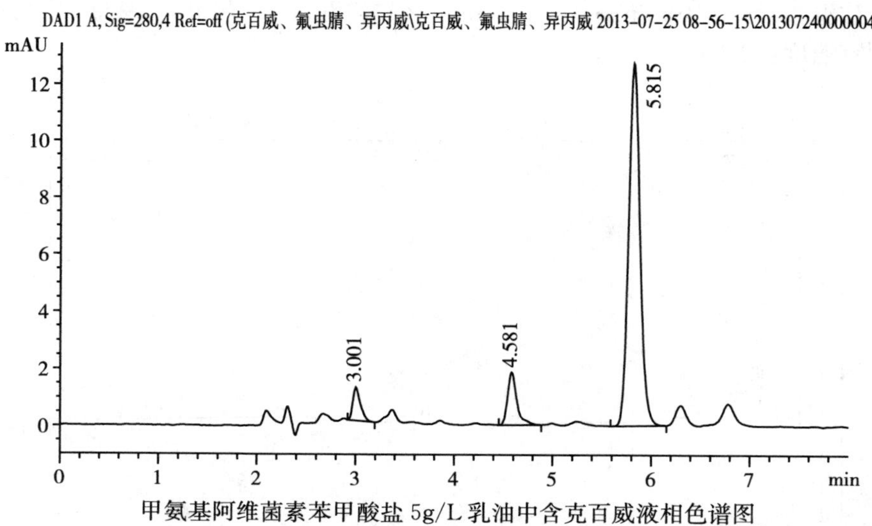

甲氨基阿维菌素苯甲酸盐 5g/L 乳油中含克百威液相色谱图

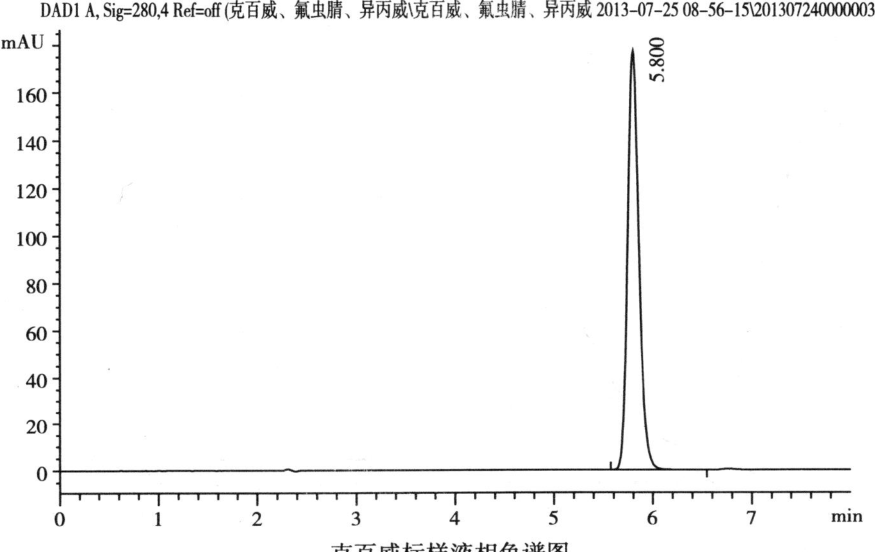

克百威标样液相色谱图

紫外吸收验证图

二极管阵列检测器，溶剂：甲醇，色谱纯

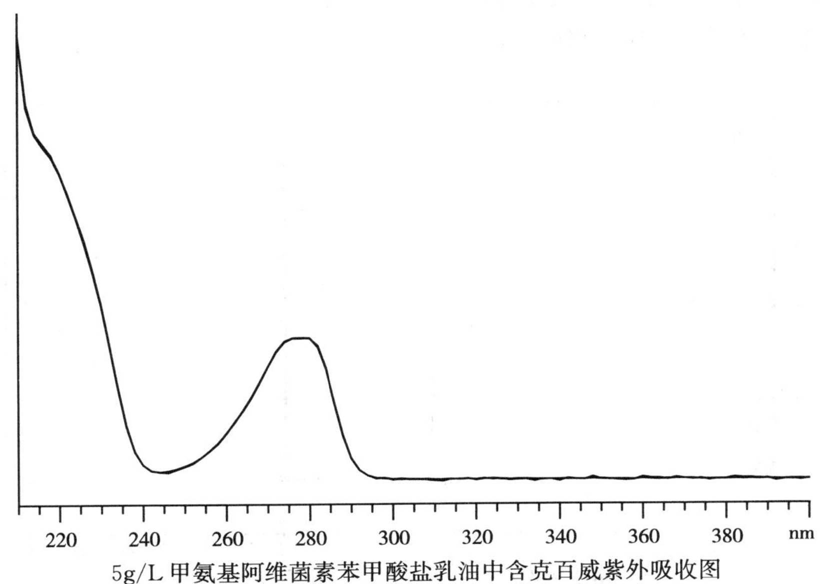

5g/L甲氨基阿维菌素苯甲酸盐乳油中含克百威紫外吸收图

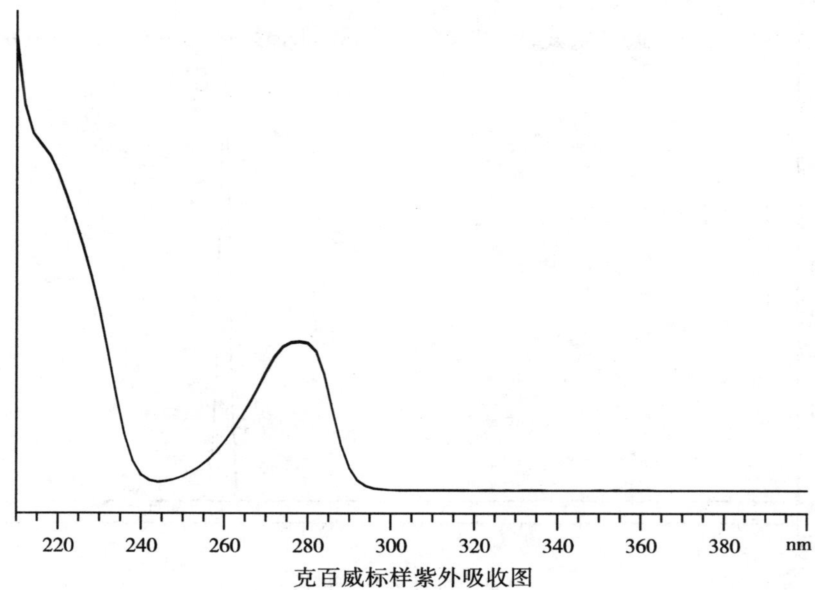

克百威标样紫外吸收图

案例6　25%唑磷·毒死蜱乳油中含水胺硫磷

气相筛选图

柱温：180℃/10min（20℃/min）→210℃/15min（20℃/min）→280℃/15min，气化室温度：260℃，检测室温度：280℃；检测器（分流比）：FID（30：1）；色谱柱：中等极性（30m×0.32mm×0.25μm）。

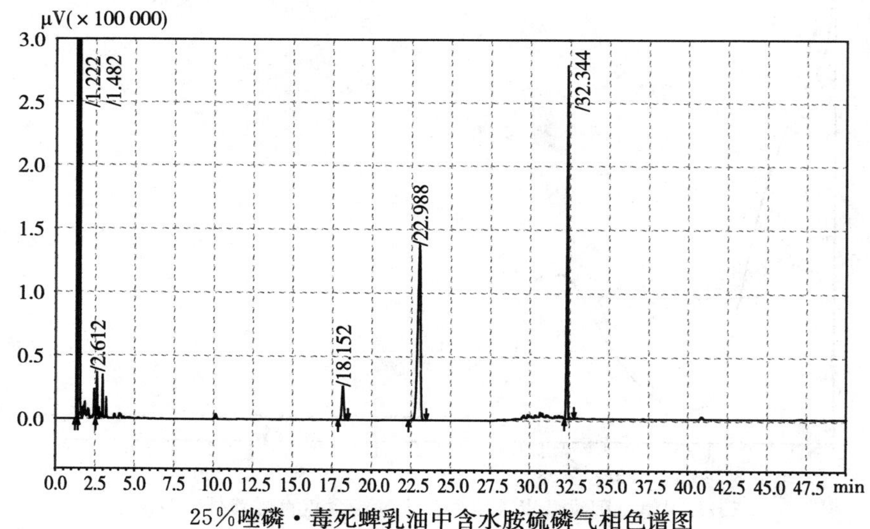

25%唑磷·毒死蜱乳油中含水胺硫磷气相色谱图

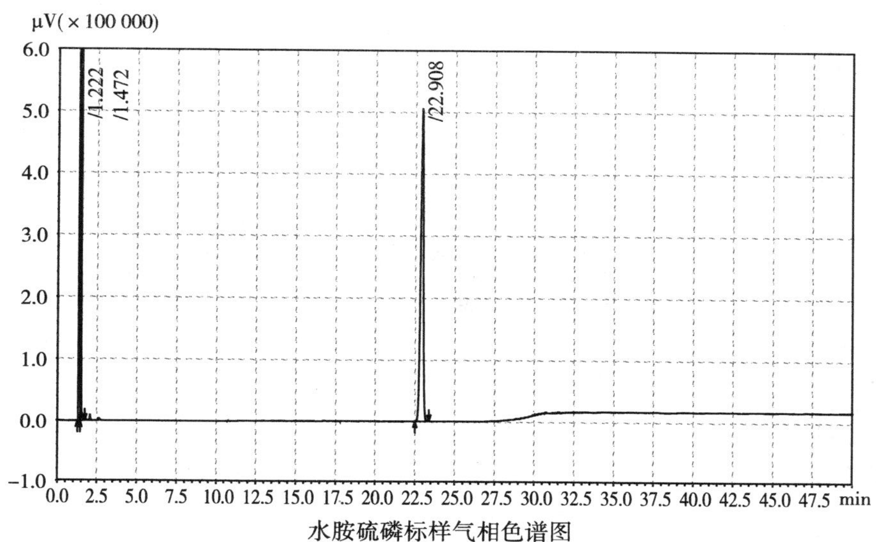

水胺硫磷标样气相色谱图

气相色谱—质谱确证图

进样温度：220℃；柱温：80℃/1min（15℃/min）→220℃/1min（20℃/min）→270℃/10min；传输温度：250℃；离子源温度：250℃。

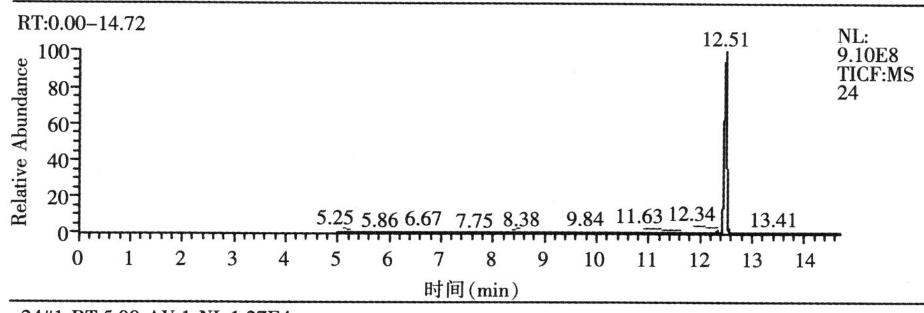

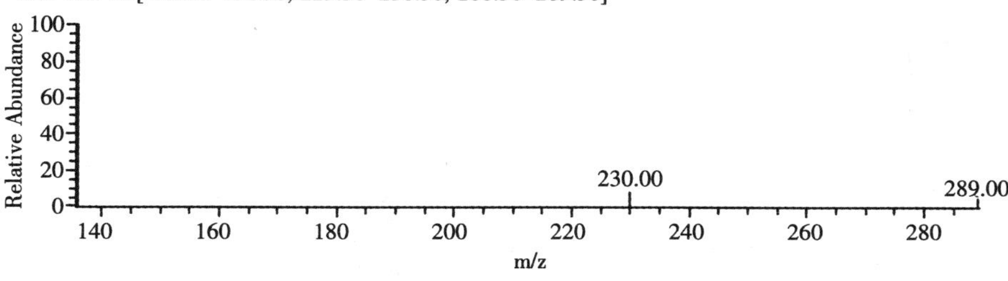

25%唑磷·毒死蜱乳油中含水胺硫磷质谱图

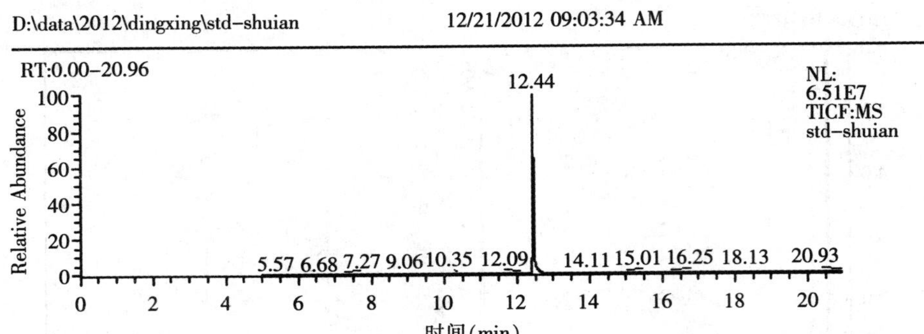

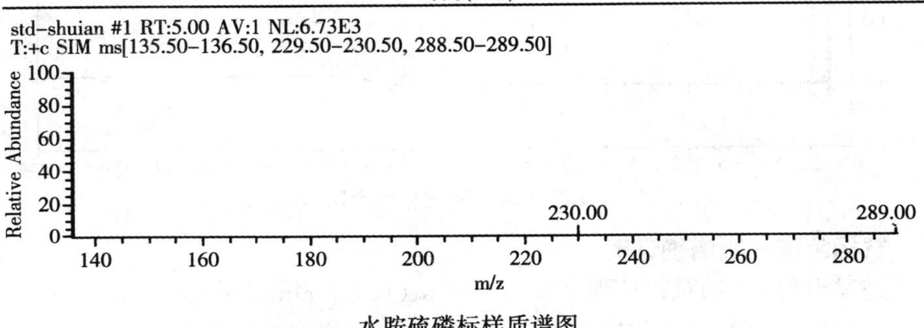

水胺硫磷标样质谱图

案例7　12%马拉·杀螟松乳油中含水胺硫磷

气相筛选图

柱温：180℃/10min（20℃/min）→210℃/15min（20℃/min）→280℃/

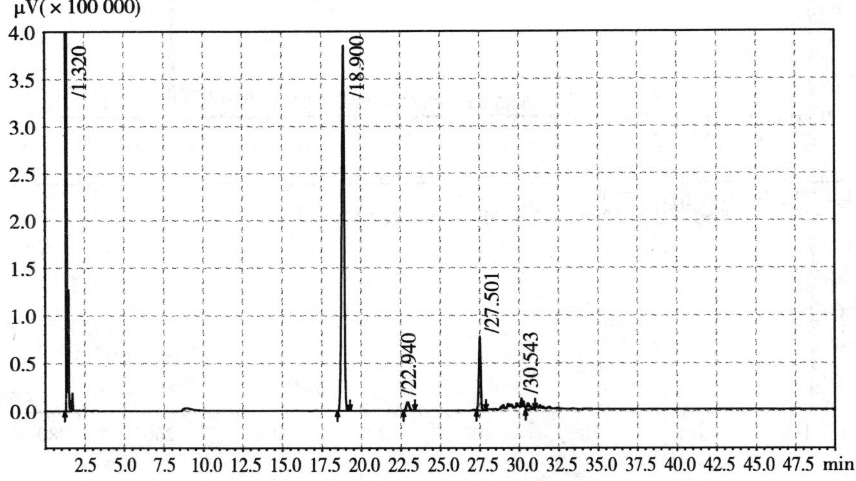

12%马拉·杀螟松乳油中含水胺硫磷气相色谱图

15min；气化室温度：260℃；检测室温度：280℃；检测器（分流比）：FID（30∶1）；色谱柱：中等极性（30m×0.32mm×0.25μm）。

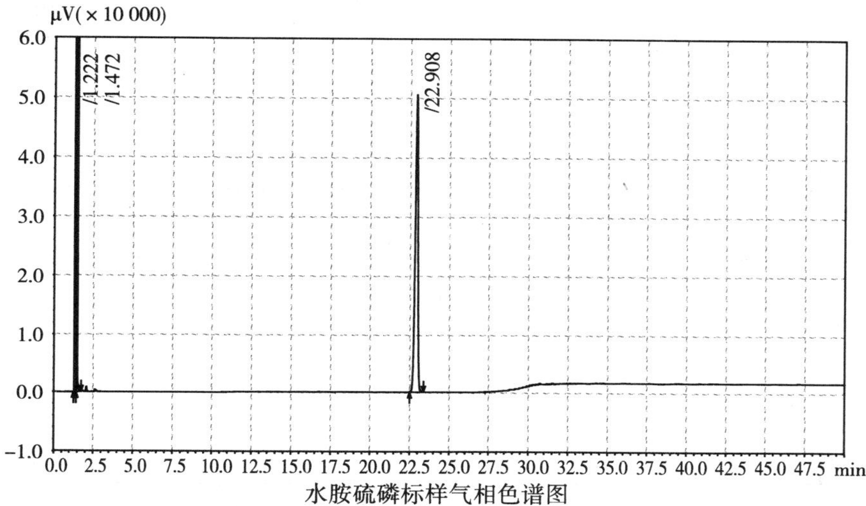

水胺硫磷标样气相色谱图

气相色谱—质谱确证图

进样温度：220℃；柱温：80℃/1min（15℃/min）→220℃/1min（20℃/min）→270℃/10min；传输温度：250℃；离子源温度：250℃。

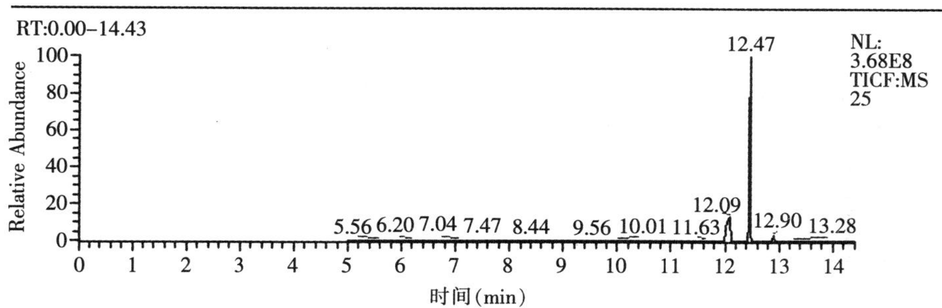

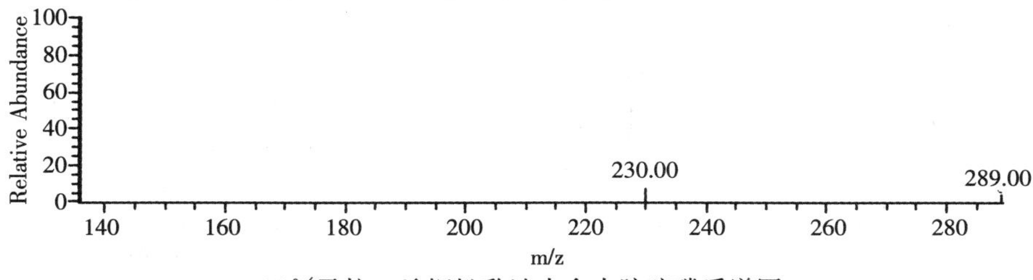

12%马拉·杀螟松乳油中含水胺硫磷质谱图

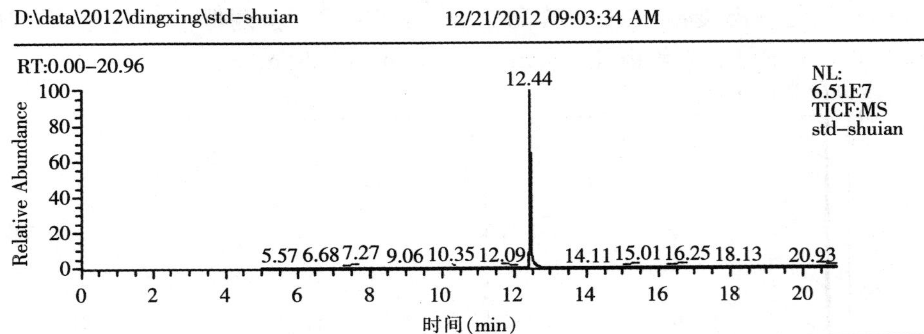

水胺硫磷标样质谱图

案例8　5%啶虫脒乳油中含氟虫腈

气相筛选图

柱温：180℃/10min（20℃/min）→210℃/15min（20℃/min）→280℃/15min；气化室温度：260℃；检测室温度：280℃；检测器（分流比）：FID

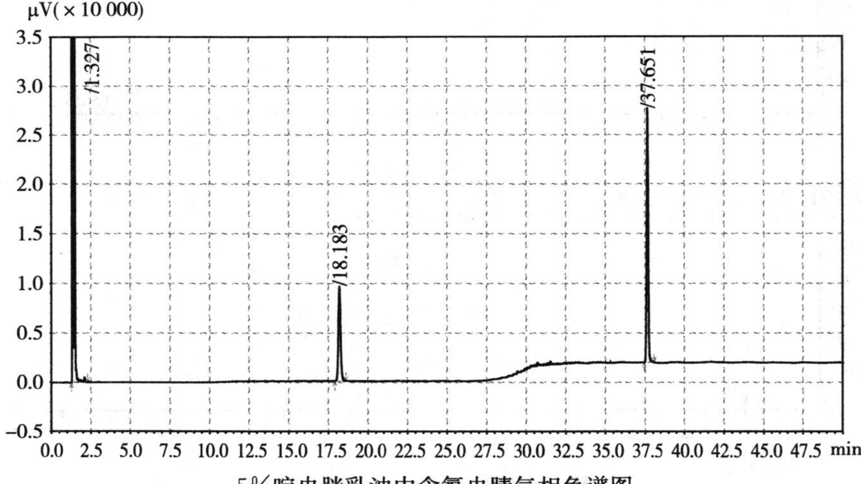

5%啶虫脒乳油中含氟虫腈气相色谱图

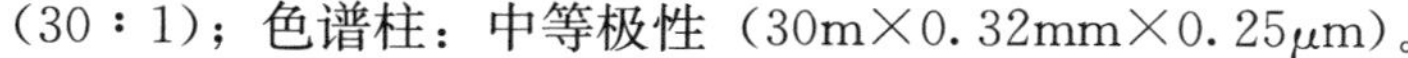
(30：1)；色谱柱：中等极性（30m×0.32mm×0.25μm）。

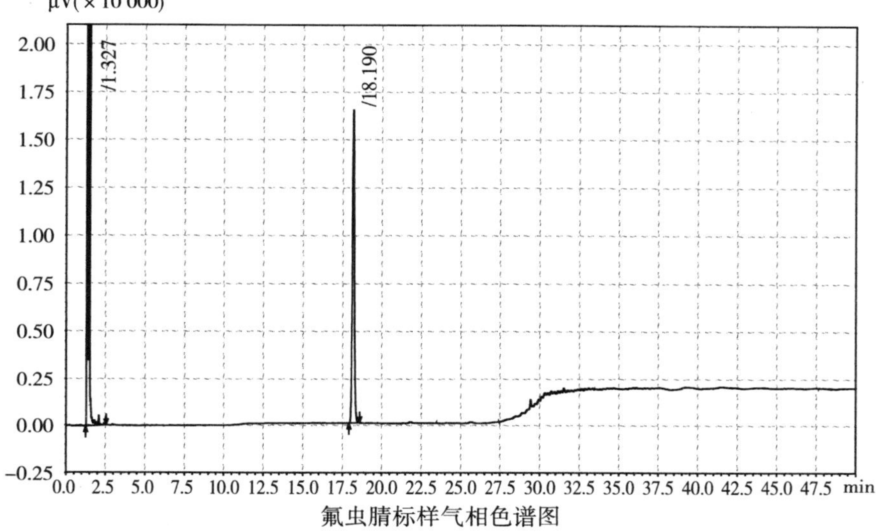

氟虫腈标样气相色谱图

气相色谱—质谱确证图

进样温度：220℃；柱温：80℃/1min（15℃/min）→220℃/1min（20℃/min）→270℃/10min；传输温度：250℃；离子源温度：250℃。

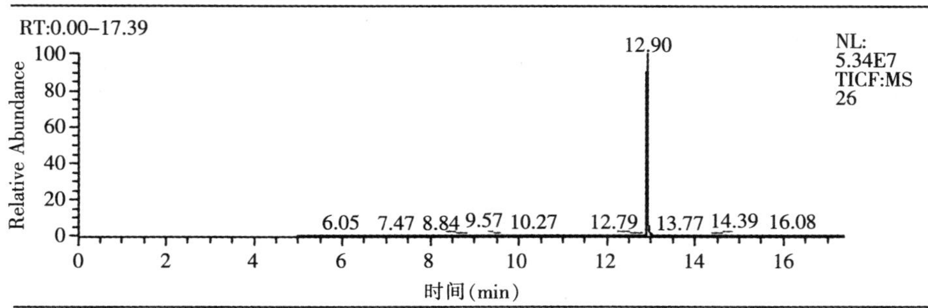

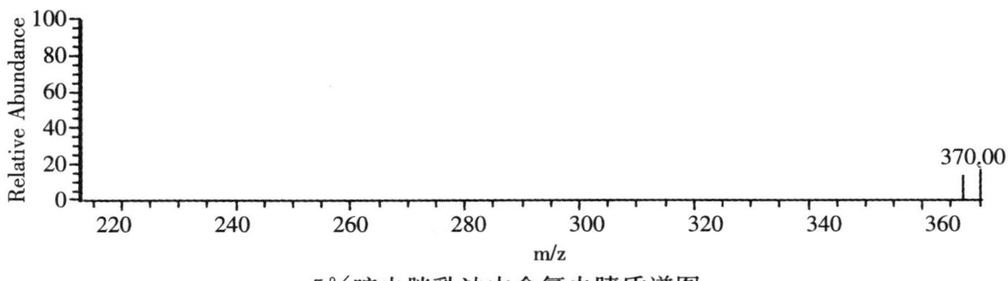

5％啶虫脒乳油中含氟虫腈质谱图

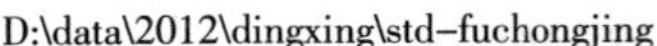

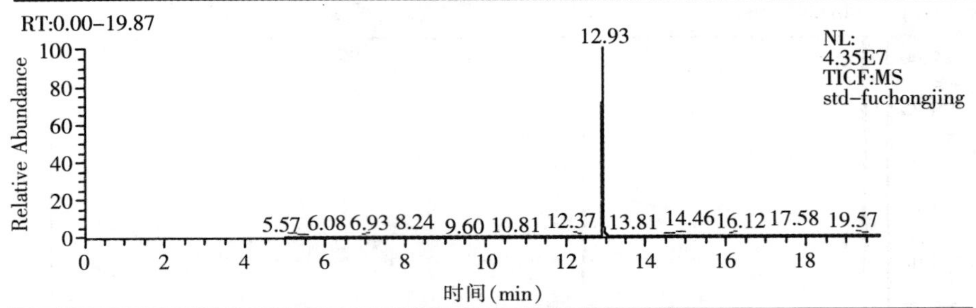

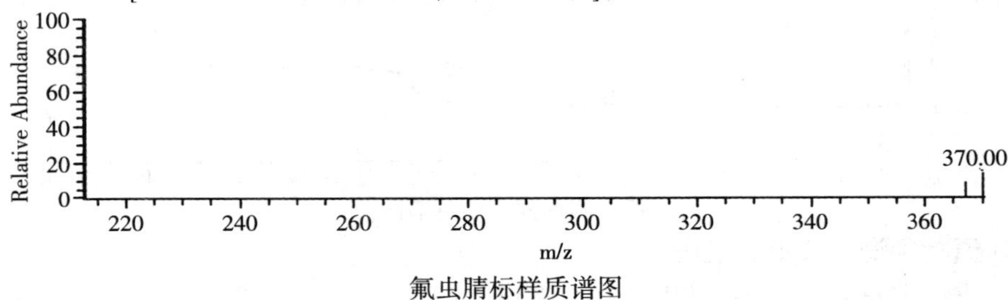

氟虫腈标样质谱图

案例9　8 000IU/微升苏云金杆菌悬浮剂中含氟虫腈

气相筛选图

柱温：180℃/10min（20℃/min）→210℃/15min（20℃/min）→280℃/15min；气化室温度：260℃；检测室温度：280℃；检测器（分流比）：FID

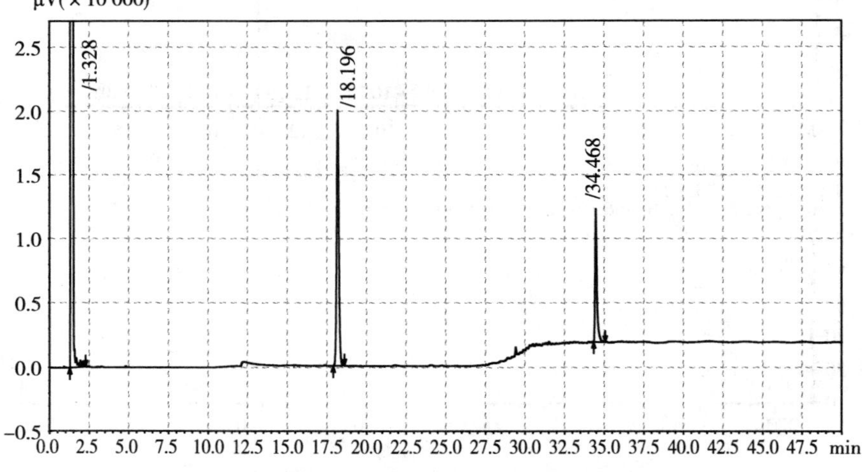

8 000IU/微升苏云金杆菌悬浮剂中含氟虫腈气相色谱图

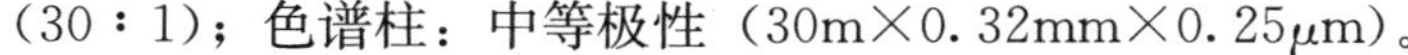
（30：1）；色谱柱：中等极性（30m×0.32mm×0.25μm）。

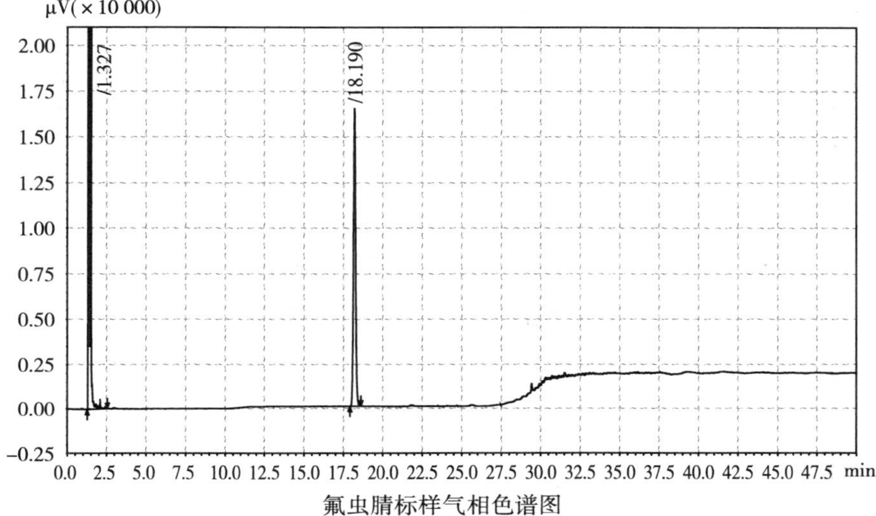

氟虫腈标样气相色谱图

气相色谱—质谱确证图

进样温度：220℃；柱温：80℃/1min（15℃/min）→220℃/1min（20℃/min）→270℃/10min；传输温度：250℃；离子源温度：250℃。

D:\data\2012\dingxing\28　　12/24/2012 09:19:16 AM

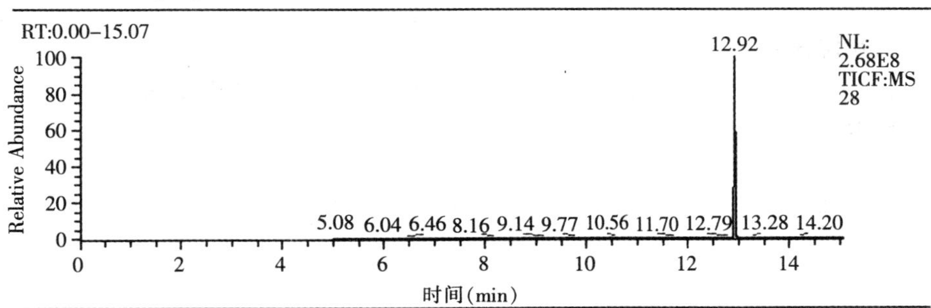

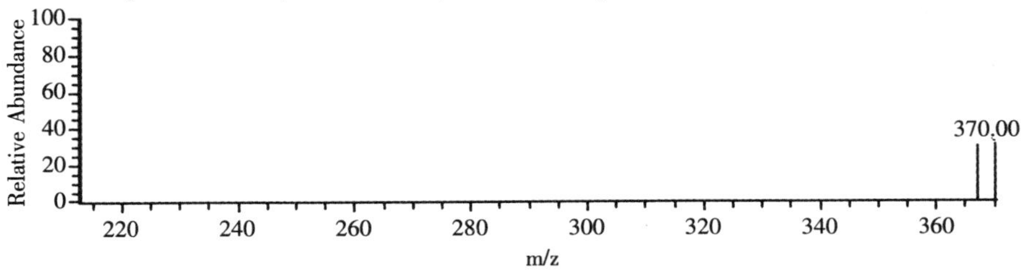

8 000IU/微升苏云金杆菌悬浮剂中含氟虫腈质谱图

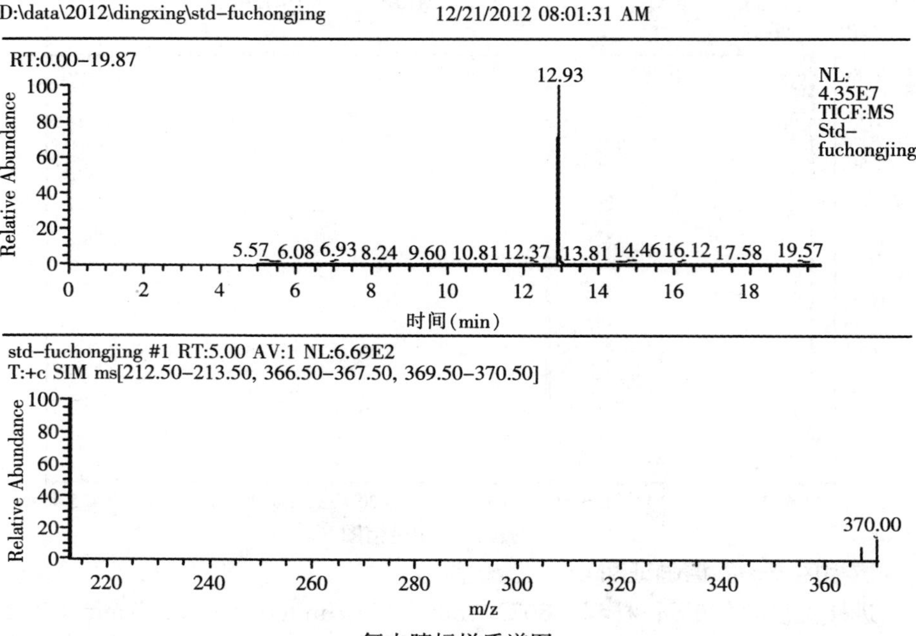

氟虫腈标样质谱图

案例 10　18%杀虫双水剂中含氟虫腈

气相筛选图

柱温：190℃/10min→245℃/35min（15℃/min），气化室温度：260℃，检测室温度：270℃。

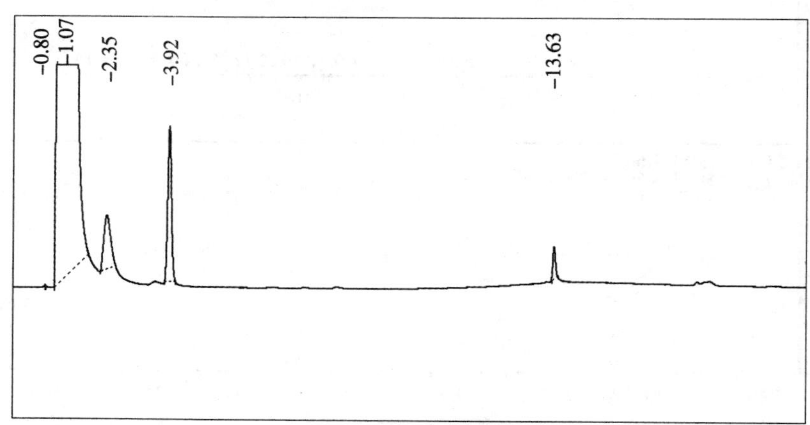

18%杀虫双水剂中含氟虫腈气相色谱图

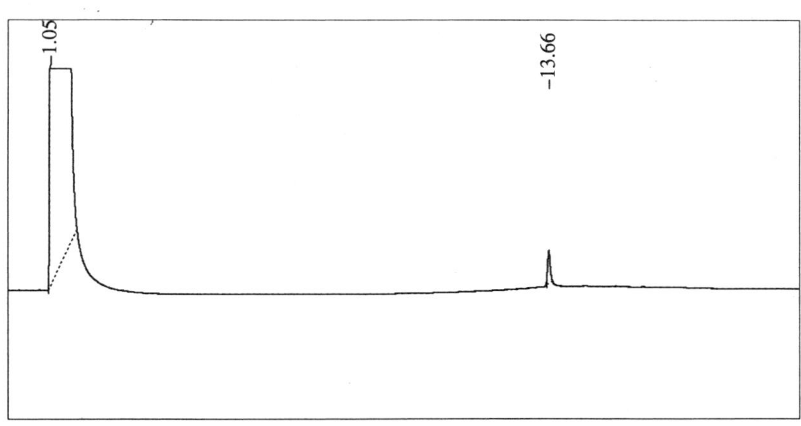

氟虫腈标样气相谱图

液相色谱验证图

柱子：C18（250mm×4.6mm）流动相：乙腈＋水（60＋40)；波长：280；流速：1.0mL/min。

DAD1 A, Sig=280,4 Ref=off (氟虫腈\氟虫腈 2013-07-25 10-23-14\201307250000005.D)

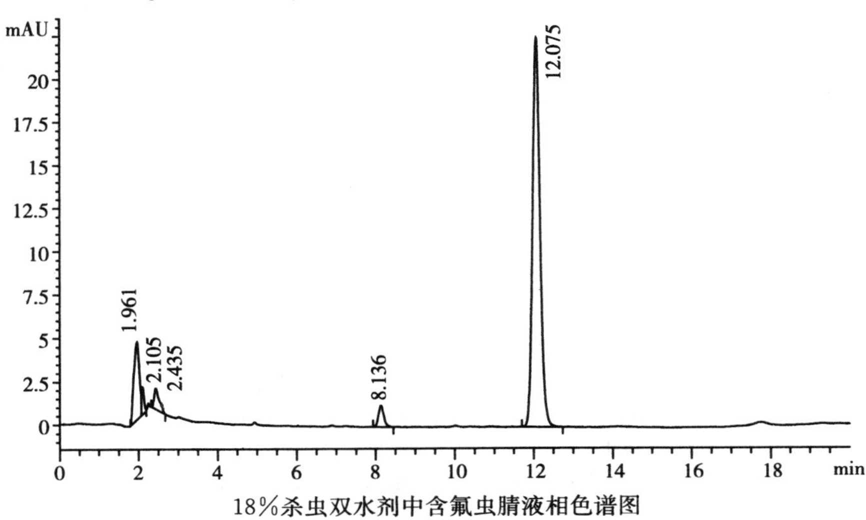

18%杀虫双水剂中含氟虫腈液相色谱图

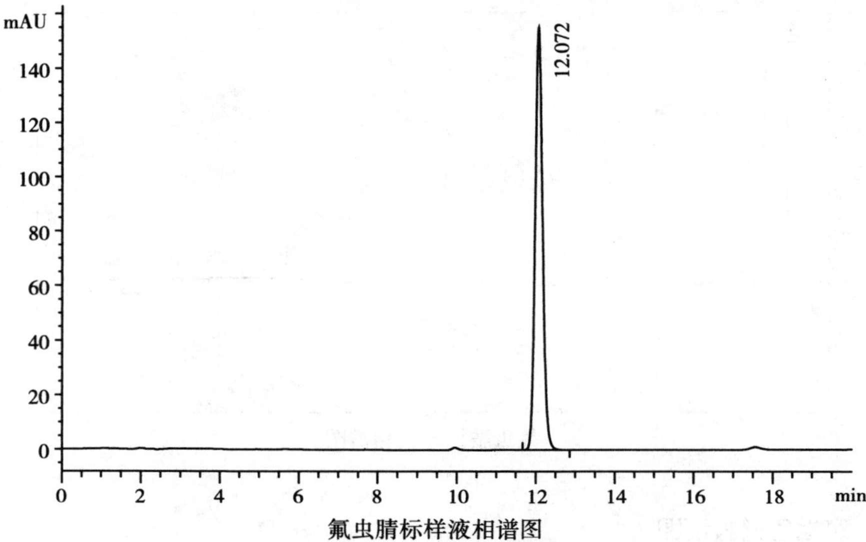

氟虫腈标样液相谱图

紫外吸收验证图

二极管阵列检测器，溶剂：甲醇，色谱纯

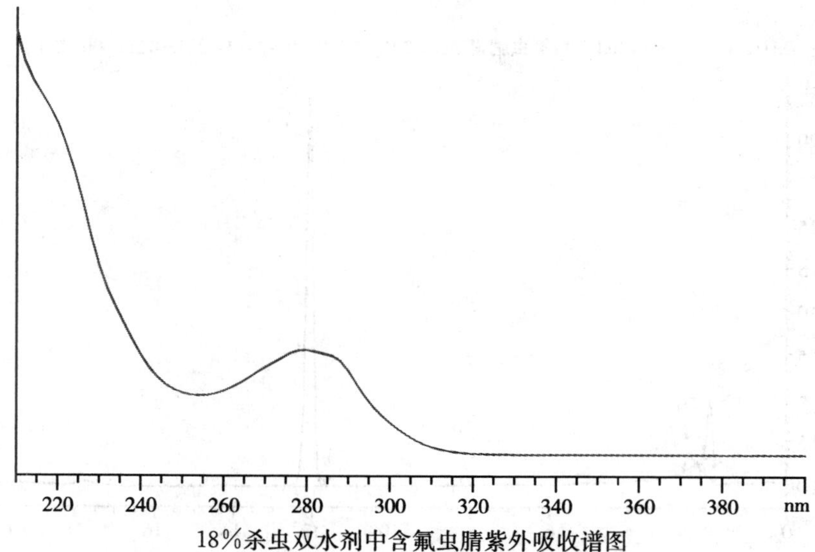

18%杀虫双水剂中含氟虫腈紫外吸收谱图

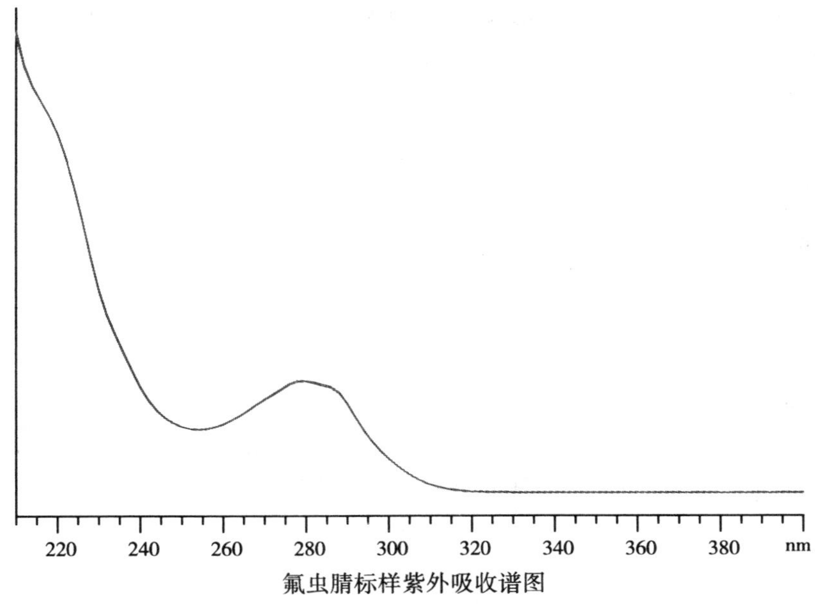

氟虫腈标样紫外吸收谱图

案例11　0.3%苦参碱水剂中含氟虫腈

液相色谱筛选图

柱子：C18（250mm×4.6mm）流动相：乙腈＋水（60＋40）；波长：280；流速：1.0mL/min。

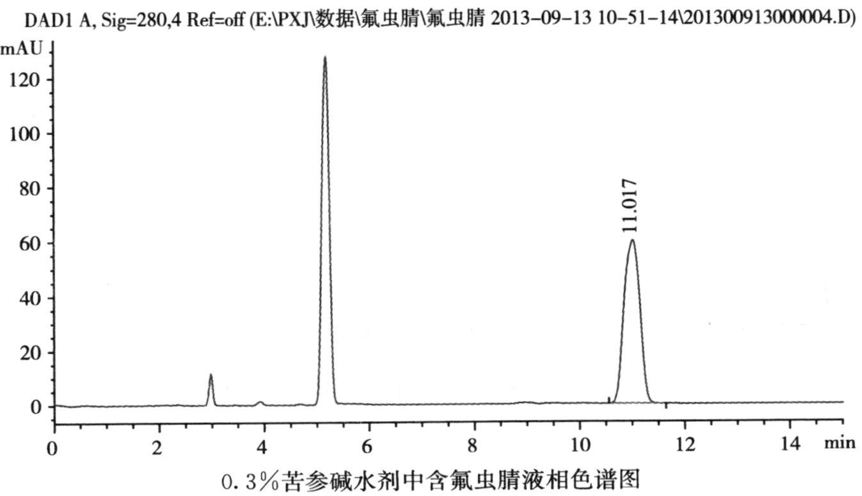

0.3%苦参碱水剂中含氟虫腈液相色谱图

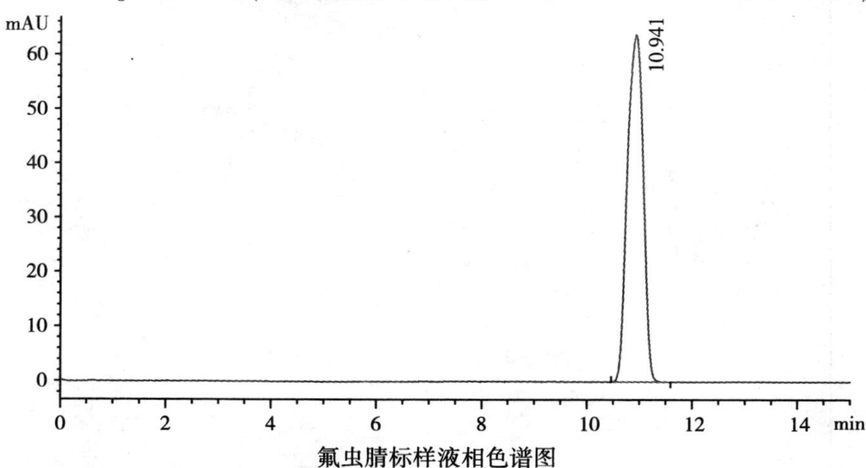

氟虫腈标样液相色谱图

紫外吸收验证图

二极管阵列检测器，溶剂：甲醇，色谱纯

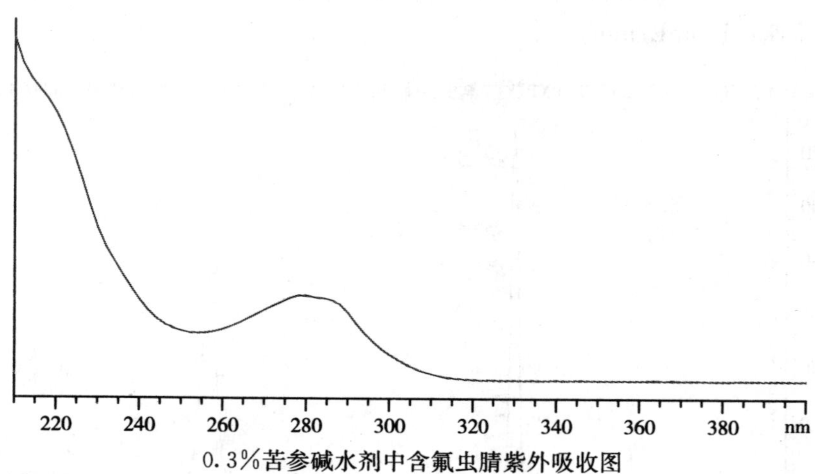

0.3%苦参碱水剂中含氟虫腈紫外吸收图

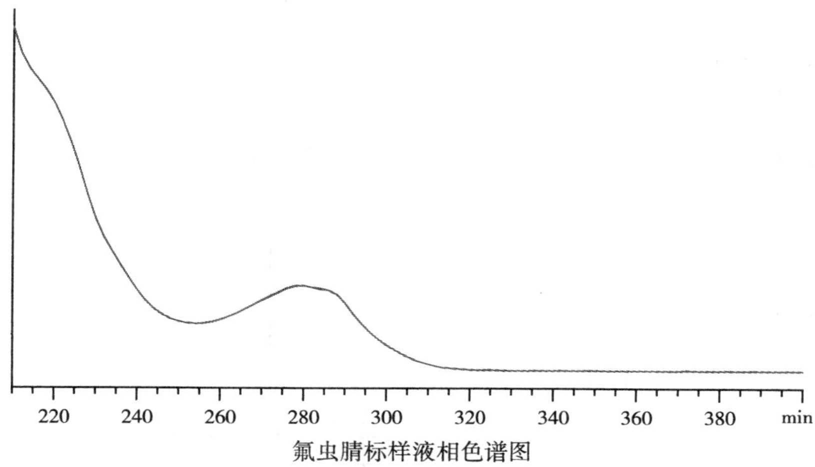

氟虫腈标样液相色谱图

二、隐含拟除虫菊酯类农药案例

案例12　25%唑磷·毒死蜱乳油中含高效氯氟氰菊酯

气相筛选图

柱温：180℃/10min（20℃/min）→210℃/15min（20℃/min）→280℃/15min；气化室温度：260℃；检测室温度：280℃；检测器（分流比）：FID（30∶1）；色谱柱：中等极性（30m×0.32mm×0.25μm）。

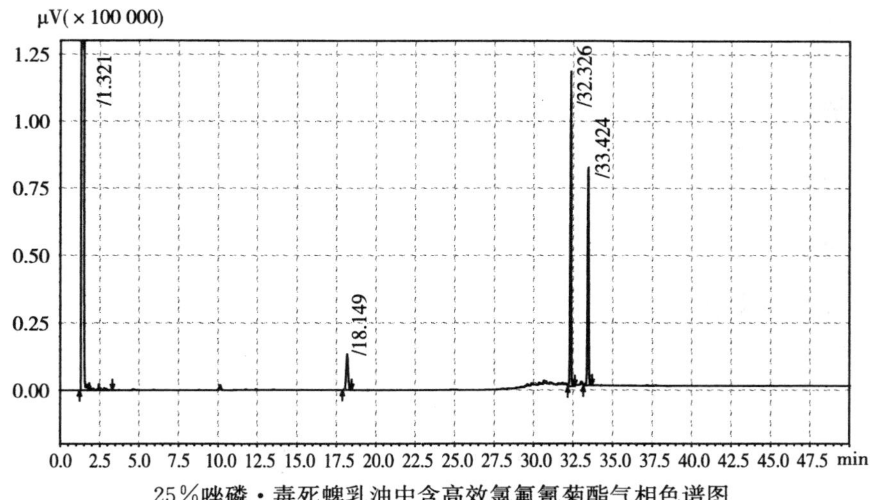

25%唑磷·毒死蜱乳油中含高效氯氟氰菊酯气相色谱图

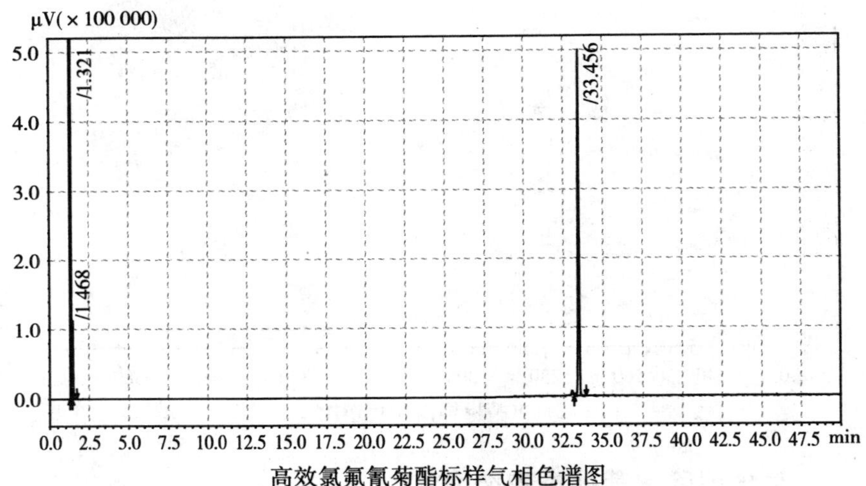

高效氯氟氰菊酯标样气相色谱图

液相色谱验证图

柱子：硅胶柱（250mm×4.6mm）；流动相：正己烷＋无水乙醚（98＋2）；波长：230nm；流速：2.2mL/min。

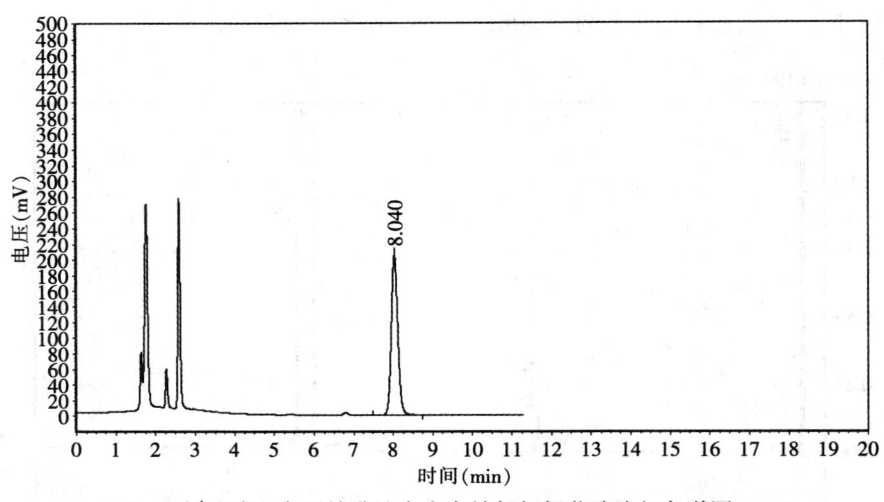

25％唑磷·毒死蜱乳油中含高效氯氟氰菊酯液相色谱图

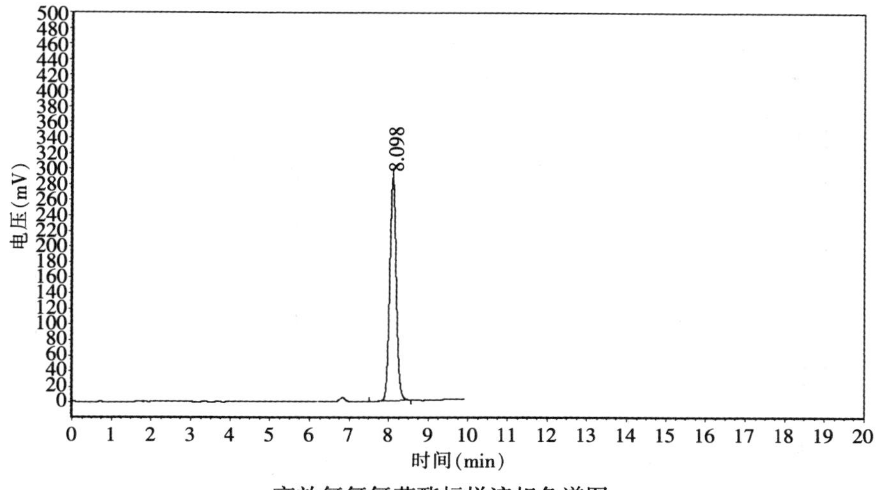

高效氯氟氰菊酯标样液相色谱图

案例 13　15%阿维·毒死蜱乳油中含高效氯氟氰菊酯

气相筛选图

柱温：180℃/10min（20℃/min）→210℃/15min（20℃/min）→280℃/15min；气化室温度：260℃；检测室温度：280℃；检测器（分流比）：FID（30∶1）；色谱柱：中等极性（30m×0.32mm×0.25μm）。

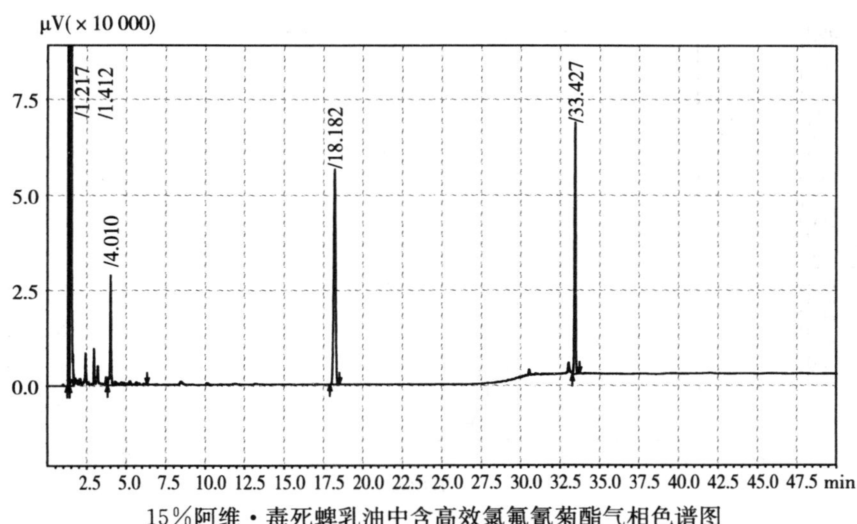

15%阿维·毒死蜱乳油中含高效氯氟氰菊酯气相色谱图

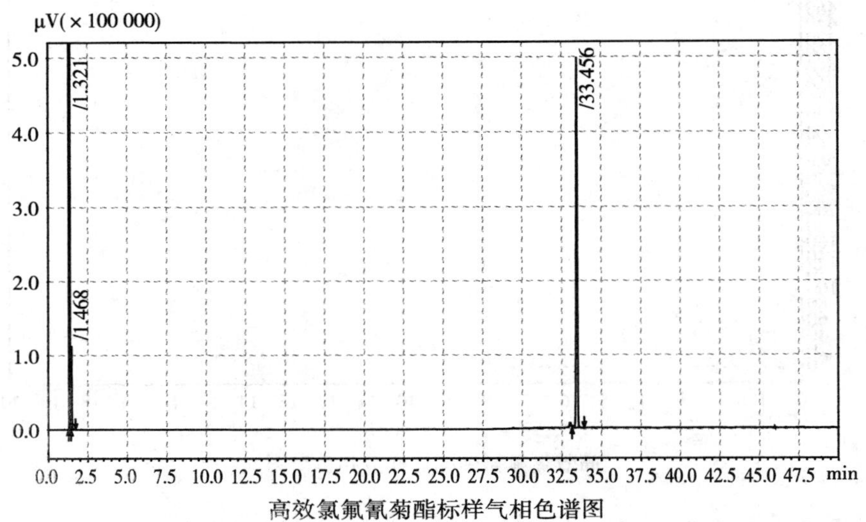

高效氯氟氰菊酯标样气相色谱图

液相色谱验证图

柱子：硅胶柱（250mm×4.6mm）；流动相：正己烷＋无水乙醚（98＋2）；波长：230nm；流速：2.2mL/min。

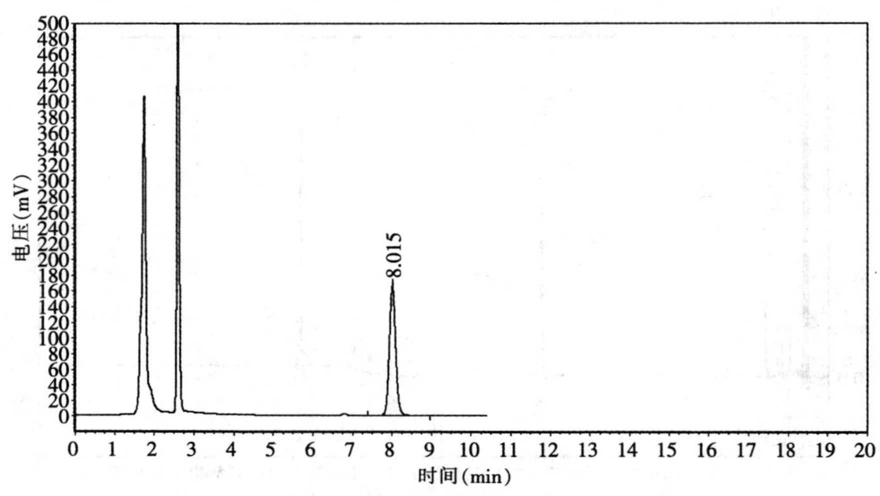

15％阿维·毒死蜱乳油中含高效氯氟氰菊酯液相色谱图

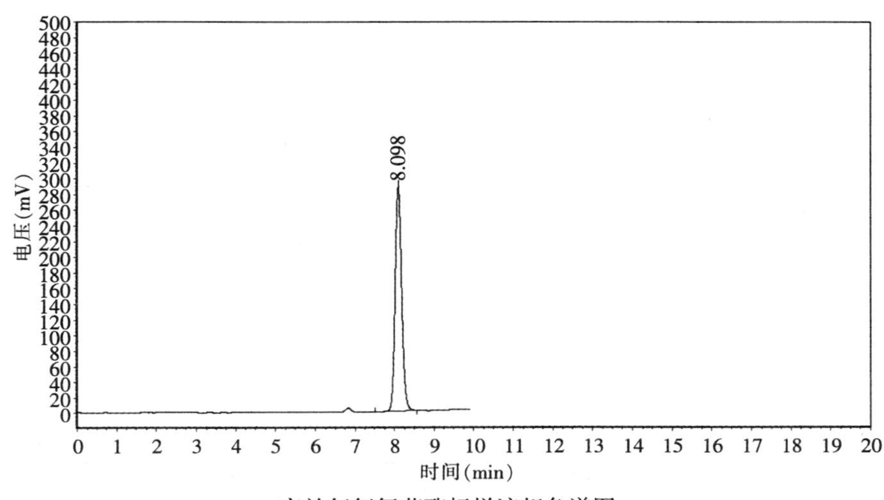

高效氯氟氰菊酯标样液相色谱图

案例 14　0.5%阿维菌素乳油中含高效氯氟氰菊酯

气相筛选图

柱温：180℃/10min（20℃/min）→210℃/15min（20℃/min）→280℃/15min；气化室温度：260℃；检测室温度：280℃；检测器（分流比）：FID（30∶1）；色谱柱：中等极性（30m×0.32mm×0.25μm）。

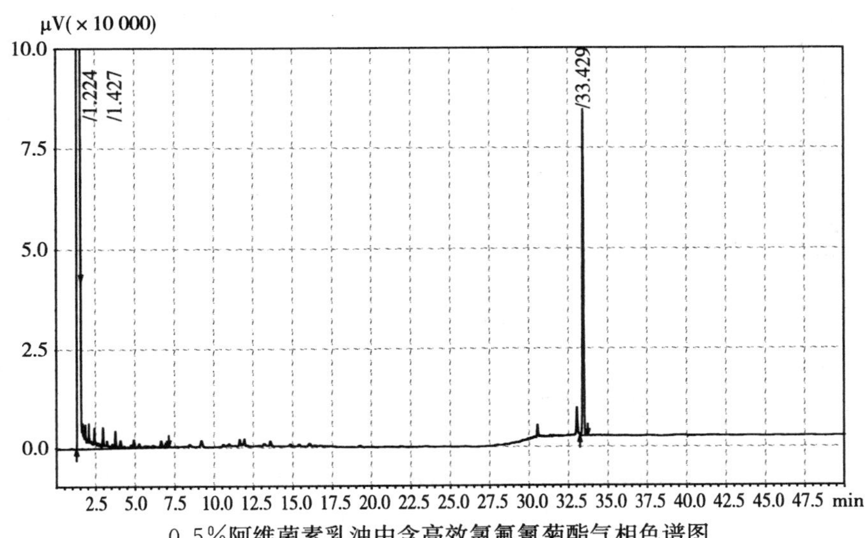

0.5%阿维菌素乳油中含高效氯氟氰菊酯气相色谱图

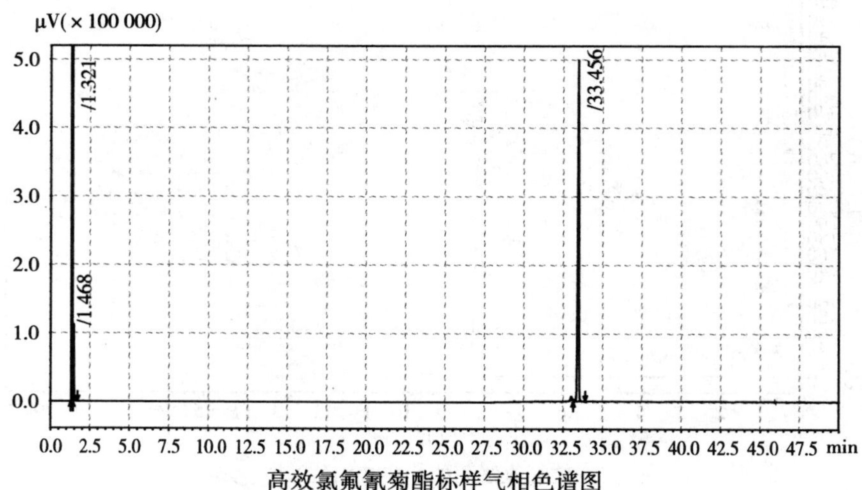

高效氯氟氰菊酯标样气相色谱图

液相色谱验证图

柱子：硅胶柱（250mm×4.6mm）；流动相：正己烷＋无水乙醚（98＋2）；波长：230nm；流速：2.2mL/min。

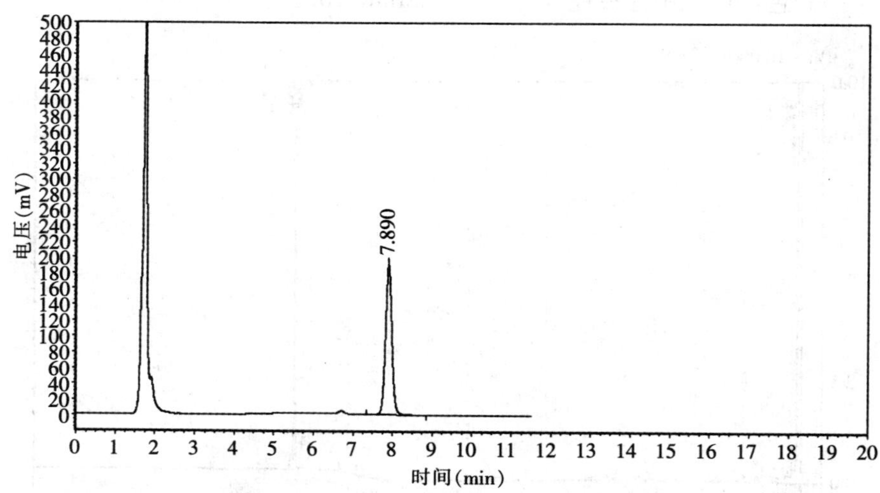

0.5％阿维菌素乳油中含高效氯氟氰菊酯液相色谱图

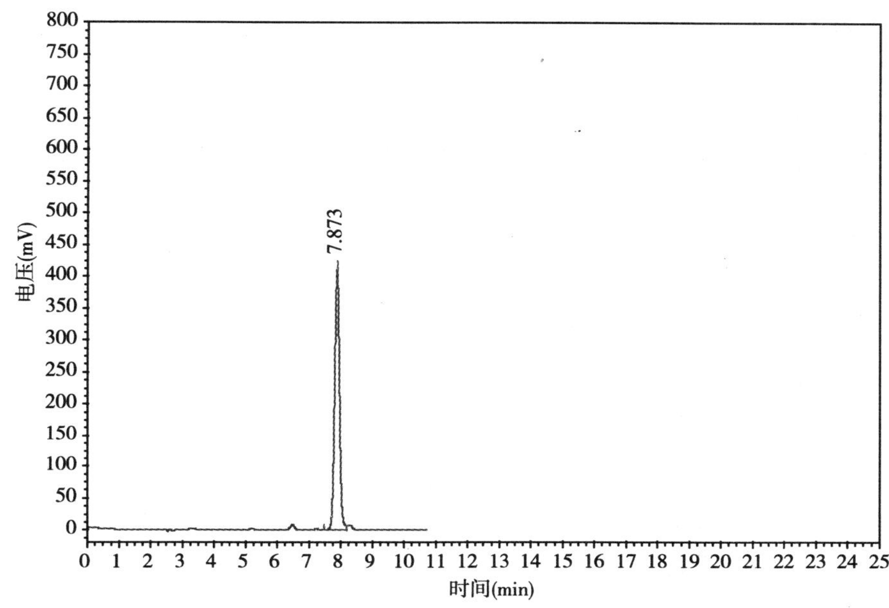

高效氯氟氰菊酯标样液相色谱图

案例 15　40%毒死蜱乳油中含高效氯氟氰菊酯

气相筛选图

柱温：180℃/10min（20℃/min）→210℃/15min（20℃/min）→280℃/15min；气化室温度：260℃；检测室温度：280℃；检测器（分流比）：FID

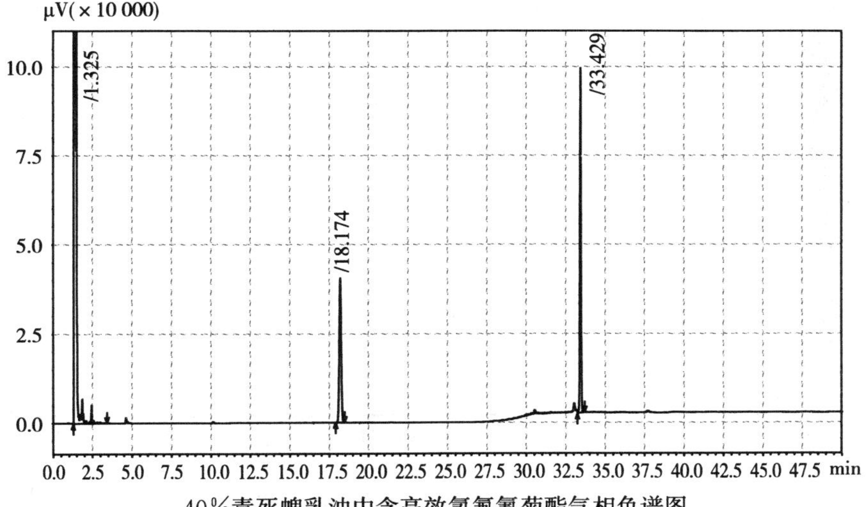

40%毒死蜱乳油中含高效氯氟氰菊酯气相色谱图

(30∶1)；色谱柱：中等极性（30m×0.32mm×0.25μm)。

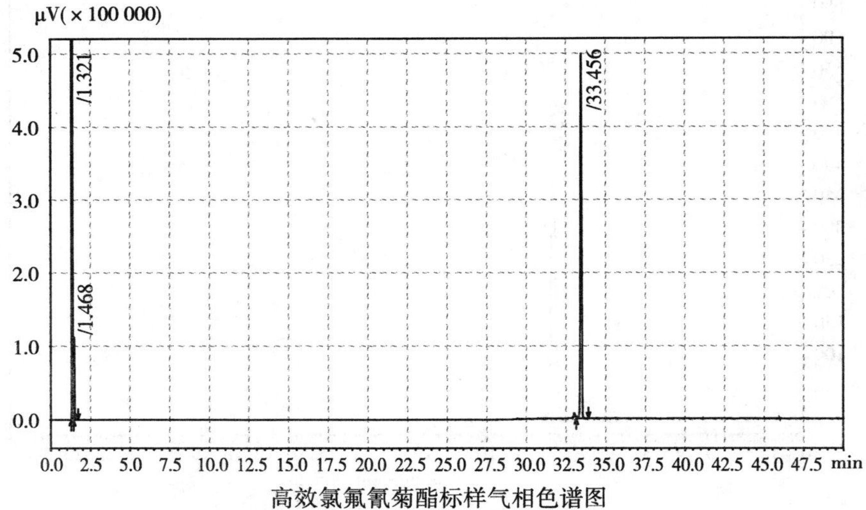

高效氯氟氰菊酯标样气相色谱图

液相色谱验证图

柱子：硅胶柱（250mm×4.6mm)；流动相：正己烷＋无水乙醚（98＋2)；波长：230nm；流速：2.2mL/min。

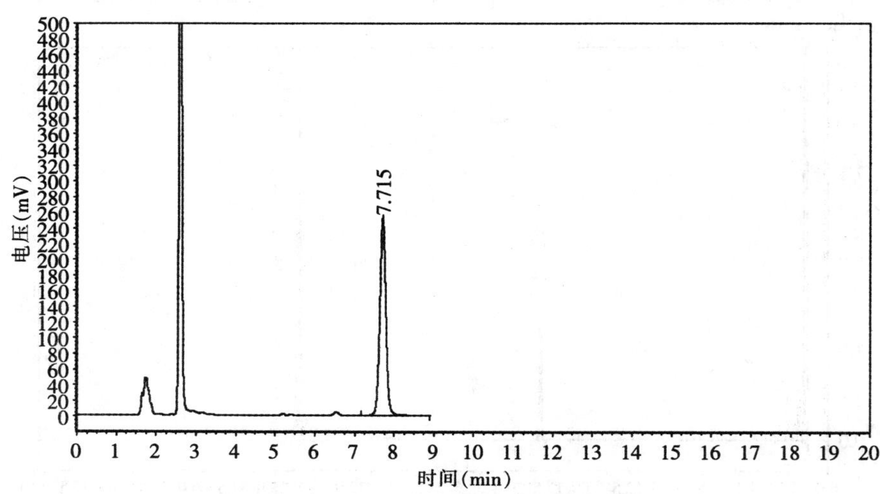

40%毒死蜱乳油中含高效氯氟氰菊酯液相色谱图

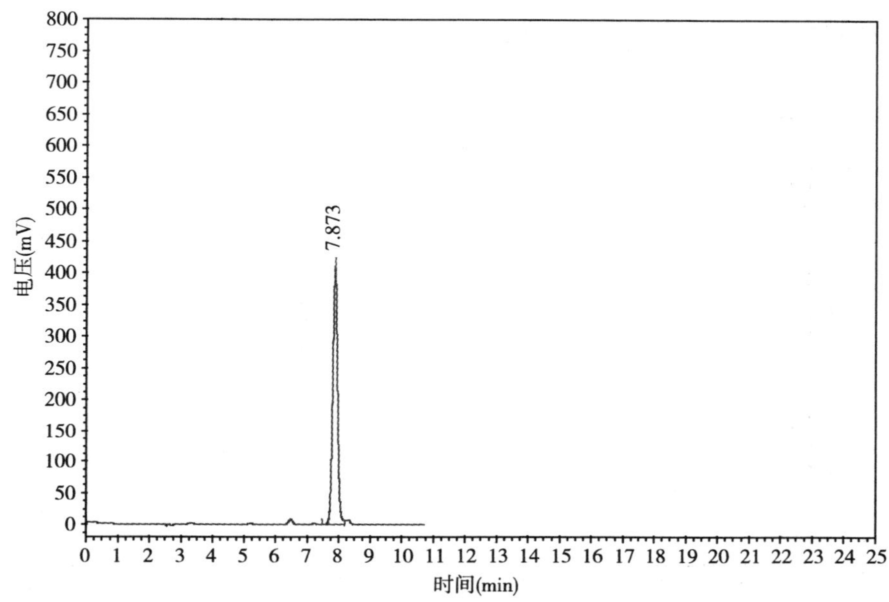

高效氯氟氰菊酯标样液相色谱图

案例16　1%阿维·高氯乳油中含高效氯氟氰菊酯

气相筛选图

柱温：180℃/10min（20℃/min）→210℃/15min（20℃/min）→280℃/15min；气化室温度：260℃；检测室温度：280℃；检测器（分流比）：FID

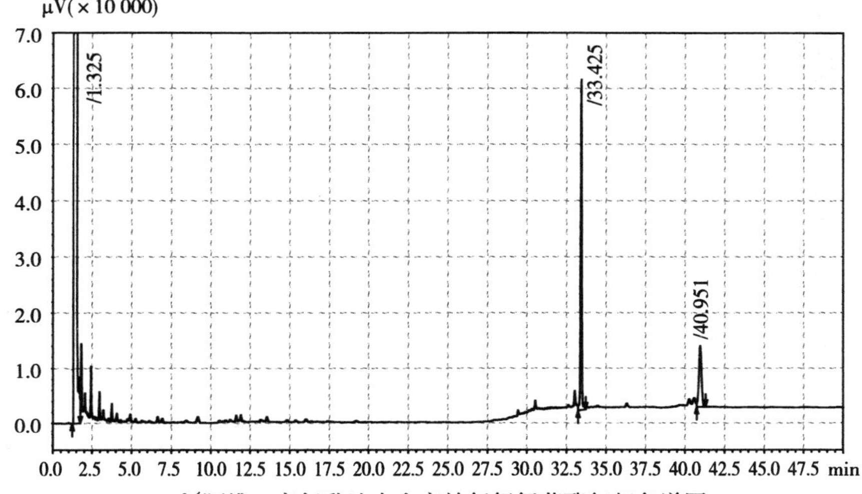

1%阿维·高氯乳油中含高效氯氟氰菊酯气相色谱图

（30∶1）；色谱柱：中等极性（30m×0.32mm×0.25μm）。

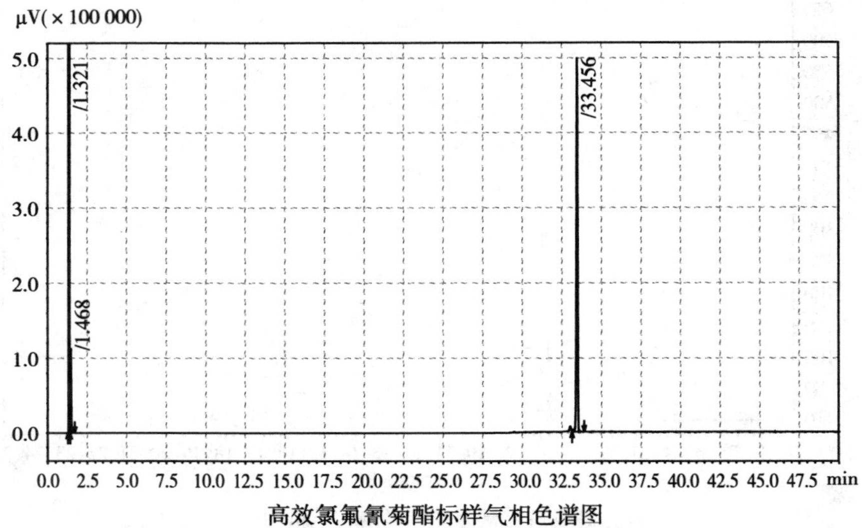

高效氯氟氰菊酯标样气相色谱图

液相色谱验证图

柱子：硅胶柱（250mm×4.6mm）；流动相：正己烷+无水乙醚（98+2）；波长：230nm；流速：2.2mL/min。

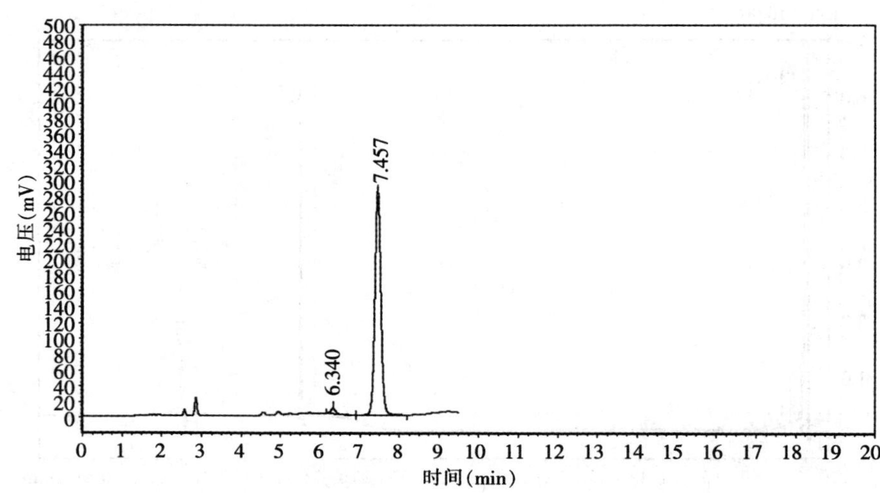

1%阿维·高氯乳油中含高效氯氟氰菊酯液相色谱图

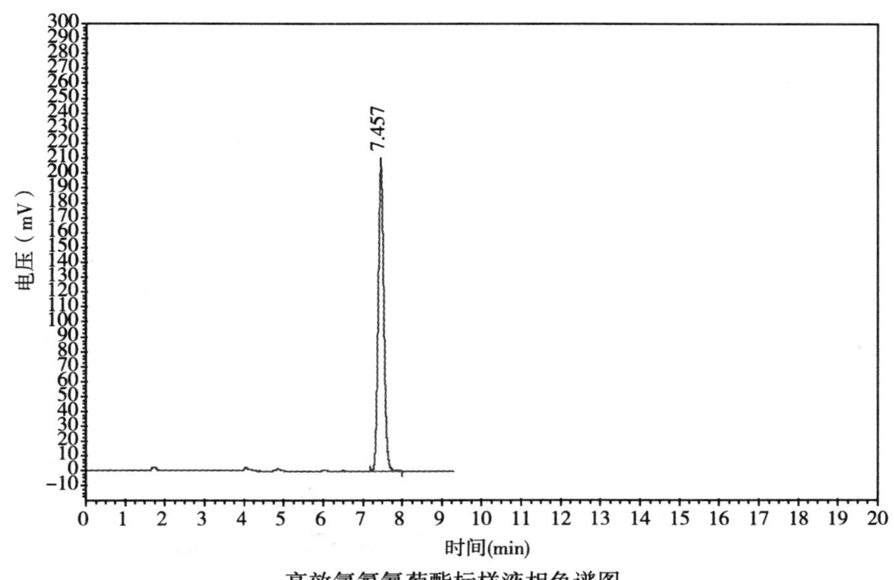

高效氯氟氰菊酯标样液相色谱图

案例 17　14.1%甲维·毒死蜱乳油中含高效氯氟氰菊酯

气相筛选图

柱温：180℃/10min（20℃/min）→210℃/15min（20℃/min）→280℃/15min；气化室温度：260℃；检测室温度：280℃；检测器（分流比）：FID（30∶1）；色谱柱：中等极性（30m×0.32mm×0.25μm）。

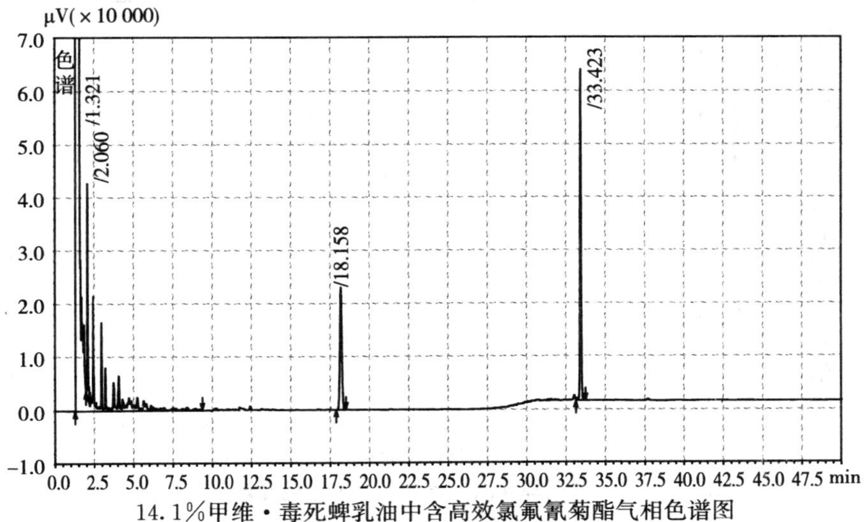

14.1%甲维·毒死蜱乳油中含高效氯氟氰菊酯气相色谱图

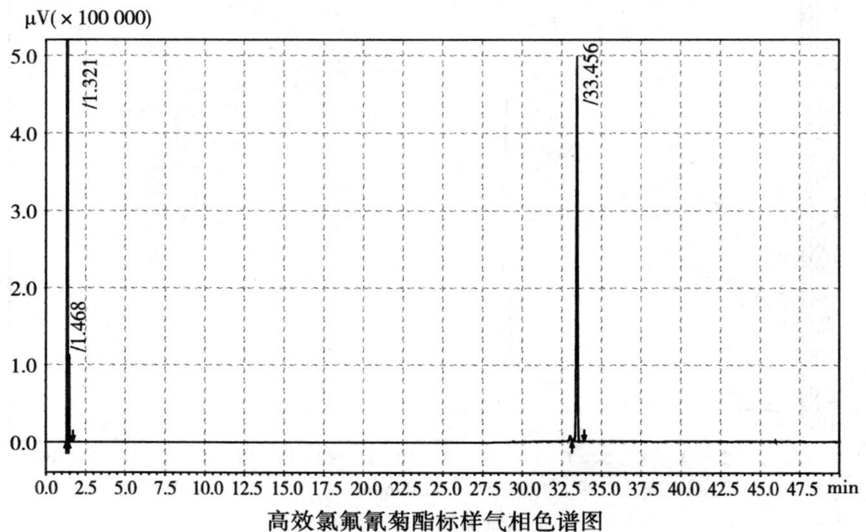

高效氯氟氰菊酯标样气相色谱图

液相色谱验证图

柱子：硅胶柱（250mm×4.6mm）；流动相：正己烷＋无水乙醚（98＋2）；波长：230nm；流速：2.2mL/min。

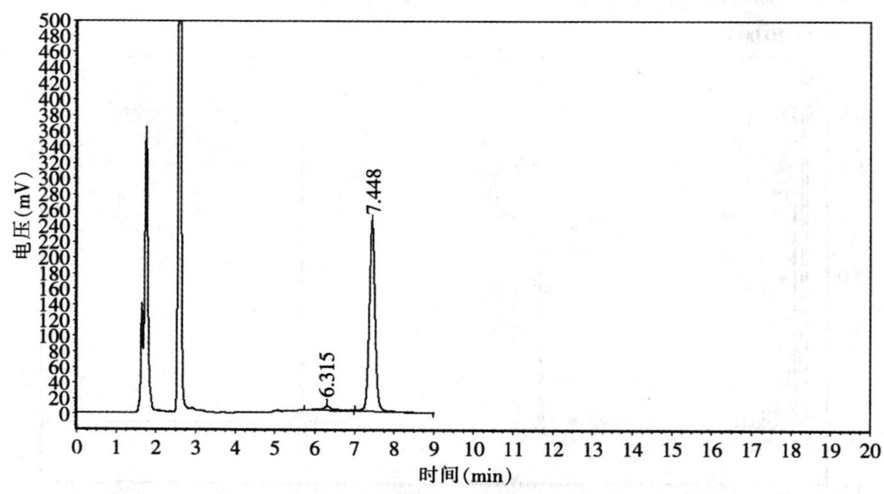

14.1％甲维·毒死蜱乳油中含高效氯氟氰菊酯液相色谱图

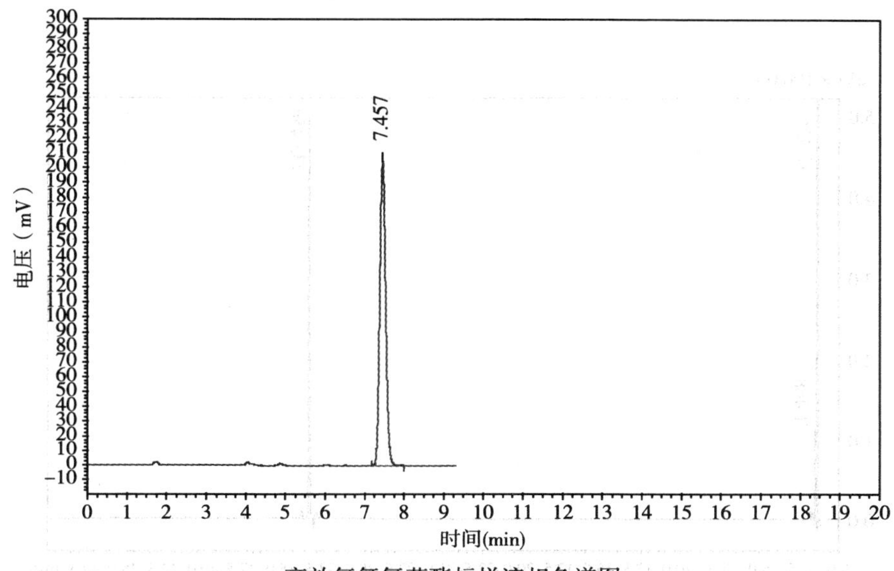

高效氯氟氰菊酯标样液相色谱图

案例 18　20%阿维·杀虫单微乳剂中含高效氯氟氰菊酯

气相筛选图

柱温：180℃/10min（20℃/min）→210℃/15min（20℃/min）→280℃/15min；气化室温度：260℃；检测室温度：280℃；检测器（分流比）：FID（30∶1）；色谱柱：中等极性（30m×0.32mm×0.25μm）。

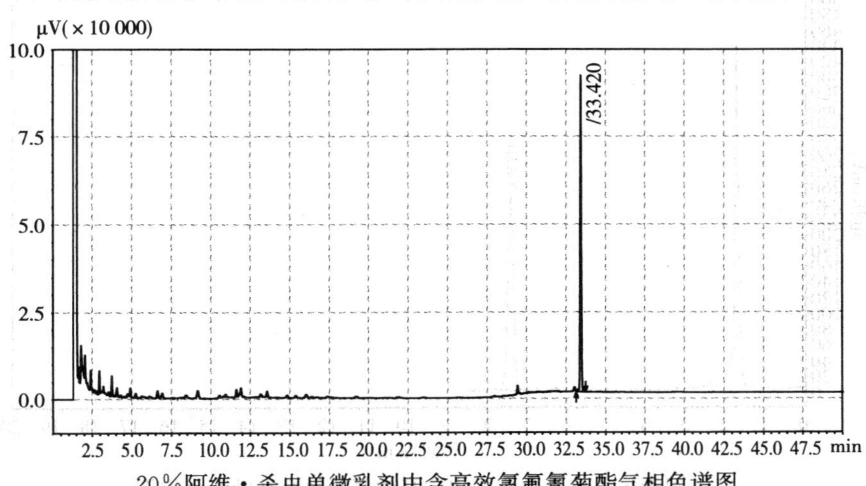

20%阿维·杀虫单微乳剂中含高效氯氟氰菊酯气相色谱图

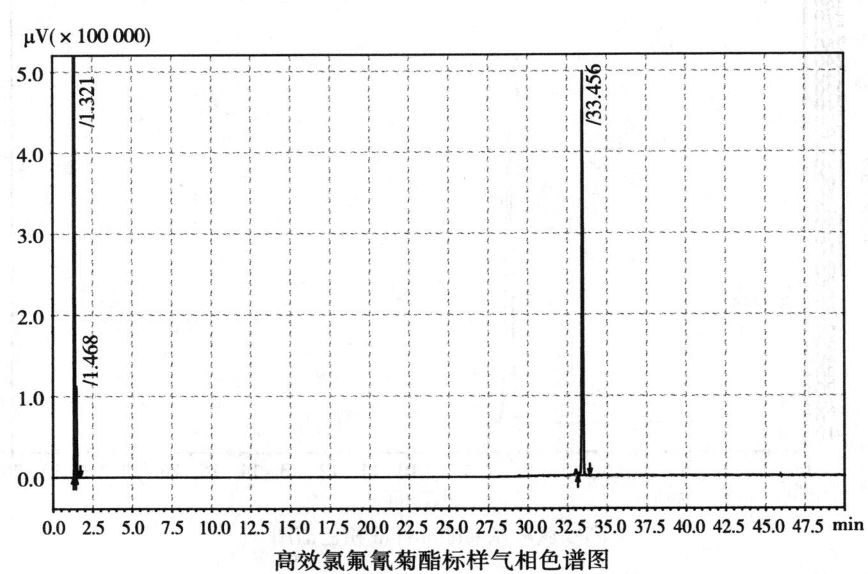

高效氯氟氰菊酯标样气相色谱图

液相色谱验证图

柱子：硅胶柱（250mm×4.6mm）；流动相：正己烷＋无水乙醚（98＋2）；波长：230nm；流速：2.2mL/min。

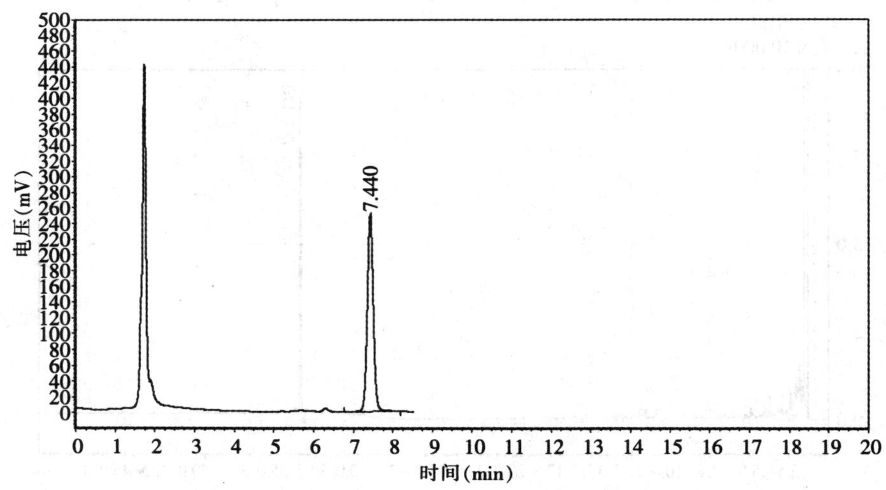

20%阿维·杀虫单微乳剂中含高效氯氟氰菊酯液相色谱图

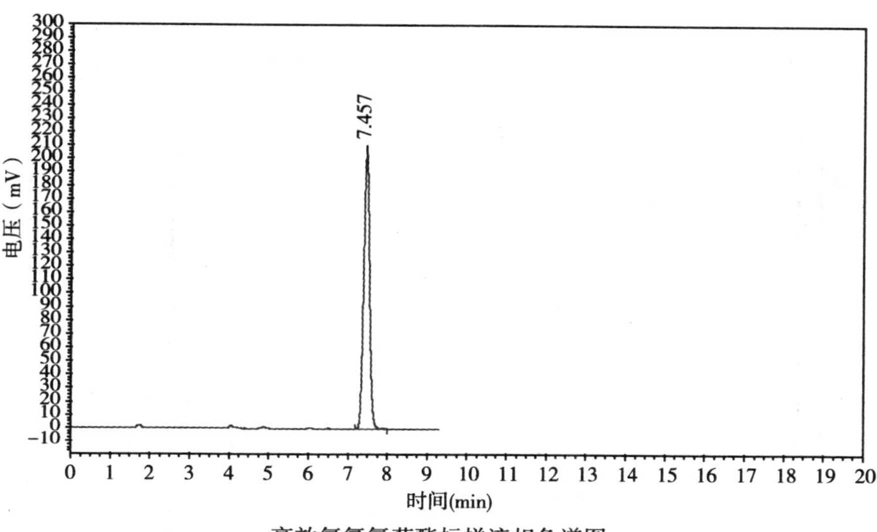

高效氯氟氰菊酯标样液相色谱图

案例19　1.8%阿维菌素乳油中含高效氯氰菊酯

气相筛选图

柱温：180℃/10min（20℃/min）→210℃/15min（20℃/min）→280℃/15min；气化室温度：260℃；检测室温度：280℃；检测器（分流比）：FID（30∶1）；色谱柱：中等极性（30m×0.32mm×0.25μm）。

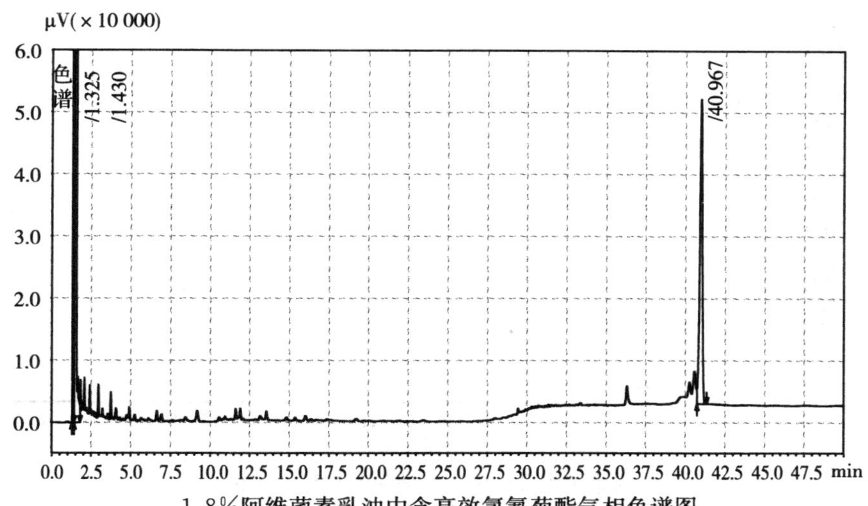

1.8%阿维菌素乳油中含高效氯氰菊酯气相色谱图

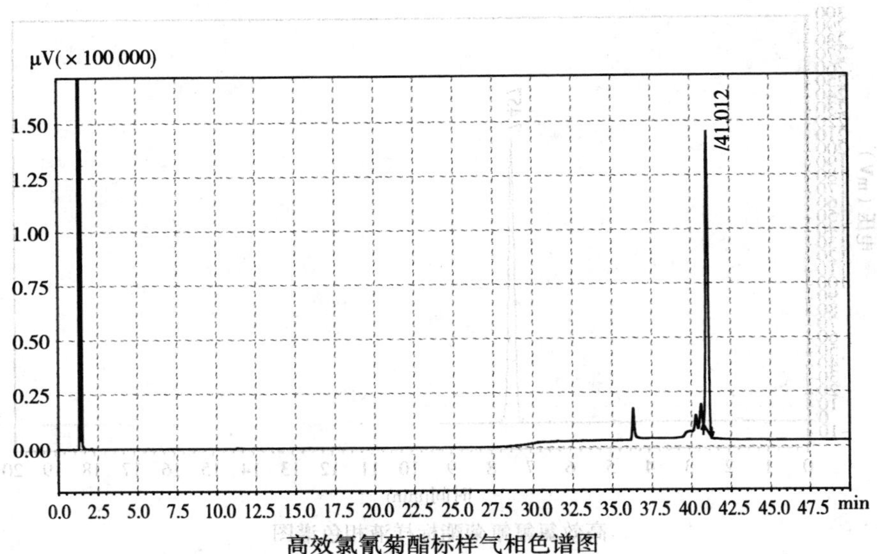

高效氯氰菊酯标样气相色谱图

液相色谱验证图

柱子：硅胶柱（250mm×4.6mm）；流动相：正己烷＋无水乙醚（98＋2）；波长：230nm；流速：2.2mL/min。

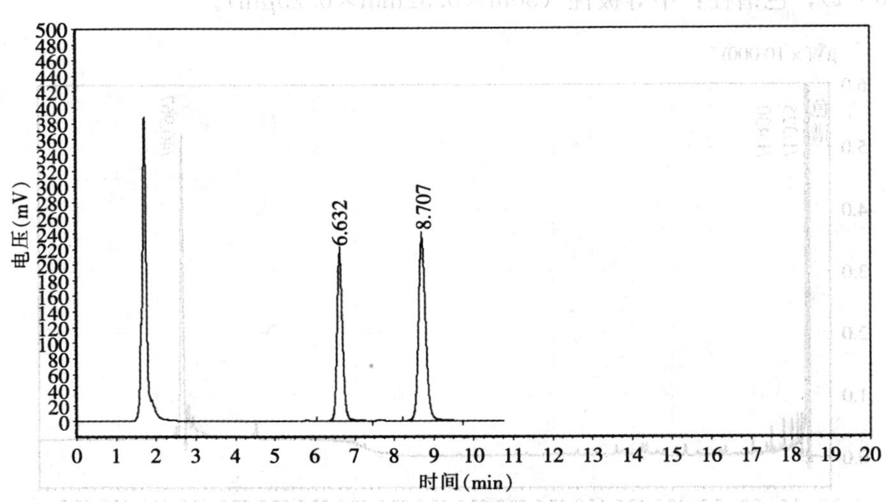

1.8%阿维菌素乳油中含高效氯氰菊酯液相色谱图

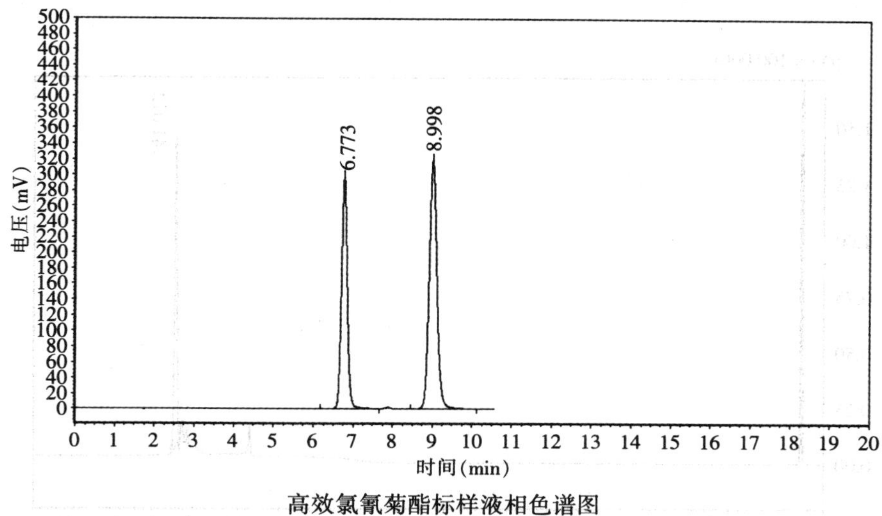

高效氯氰菊酯标样液相色谱图

案例20　15%阿维·毒死蜱乳油中含高效氯氰菊酯

气相筛选图

柱温：180℃/10min（20℃/min）→210℃/15min（20℃/min）→280℃/15min；气化室温度：260℃；检测室温度：280℃；检测器（分流比）：FID（30∶1）；色谱柱：中等极性（30m×0.32mm×0.25μm）。

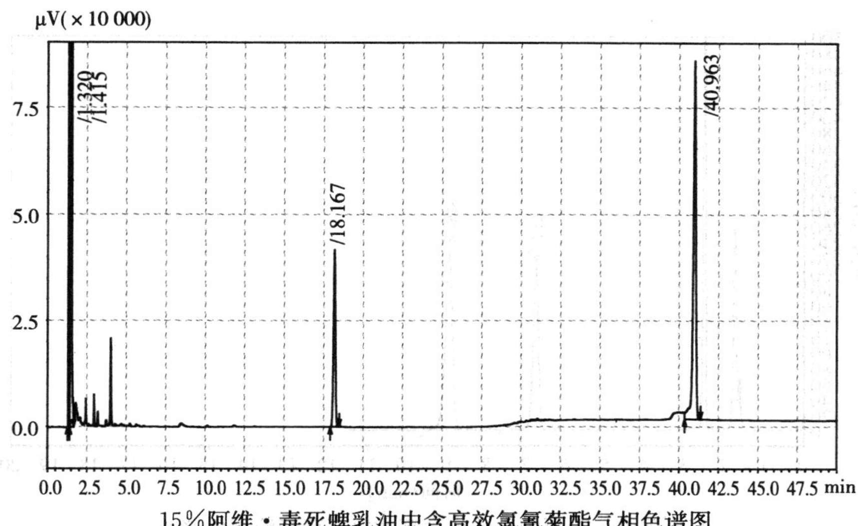

15%阿维·毒死蜱乳油中含高效氯氰菊酯气相色谱图

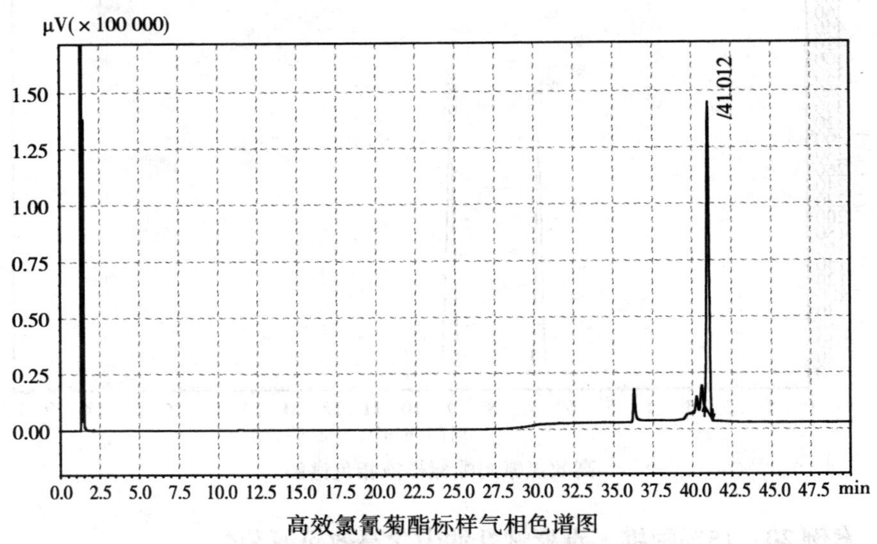

高效氯氰菊酯标样气相色谱图

液相色谱验证图

柱子：硅胶柱（250mm×4.6mm）；流动相：正己烷＋无水乙醚（98＋2）；波长：230nm；流速：2.2mL/min。

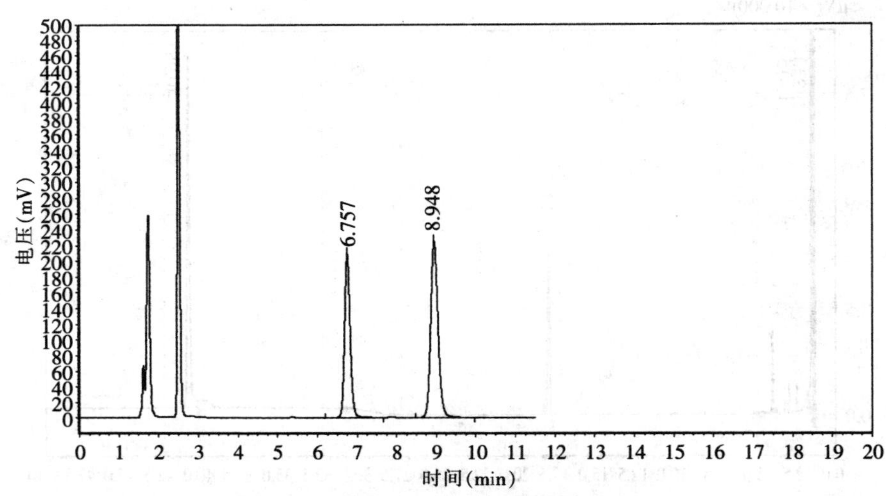

15％阿维·毒死蜱乳油中含高效氯氰菊酯液相色谱图

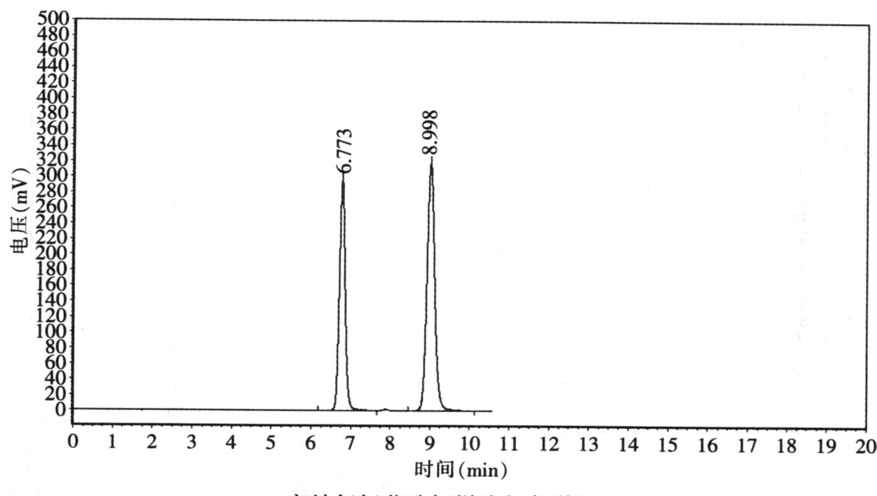

高效氯氰菊酯标样液相色谱图

案例21　25g/L联苯菊酯乳油中含高效氯氰菊酯

气相筛选图

柱温：180℃/10min（20℃/min）→210℃/15min（20℃/min）→280℃/15min；气化室温度：260℃；检测室温度：280℃；检测器（分流比）：FID（30∶1）；色谱柱：中等极性（30m×0.32mm×0.25μm）。

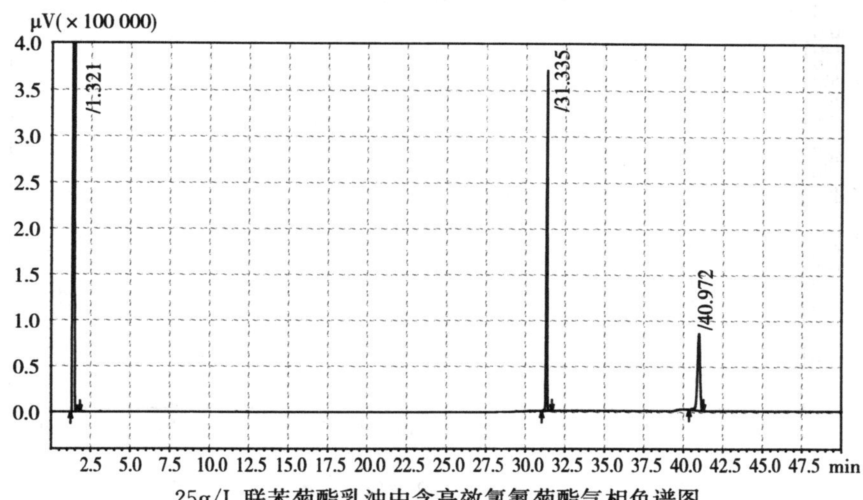

25g/L联苯菊酯乳油中含高效氯氰菊酯气相色谱图

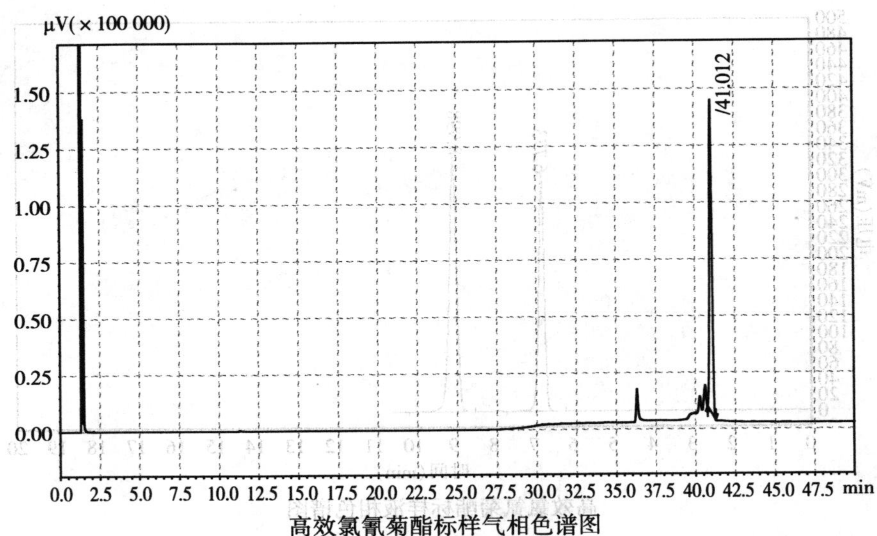

高效氯氰菊酯标样气相色谱图

液相色谱验证图

柱子：硅胶柱（250mm×4.6mm）；流动相：正己烷＋无水乙醚（98＋2）；波长：230nm；流速：2.2mL/min。

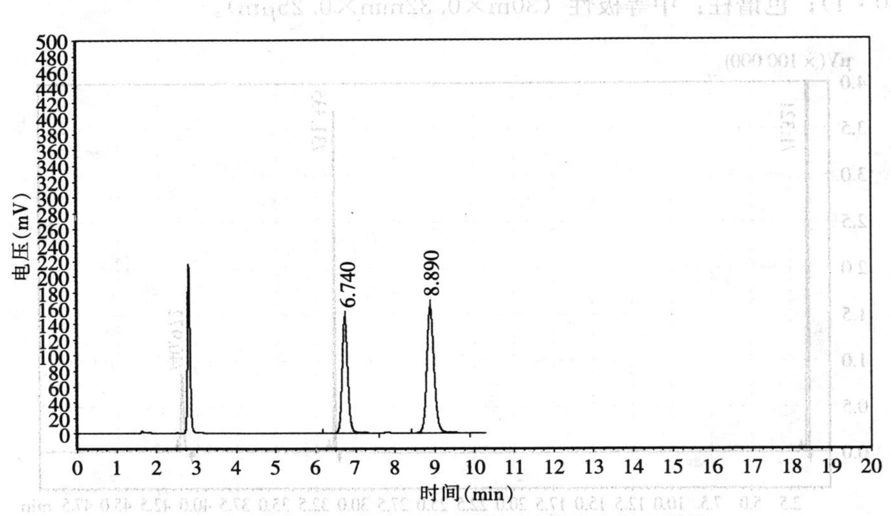

25g/L联苯菊酯乳油中含高效氯氰菊酯液相色谱图

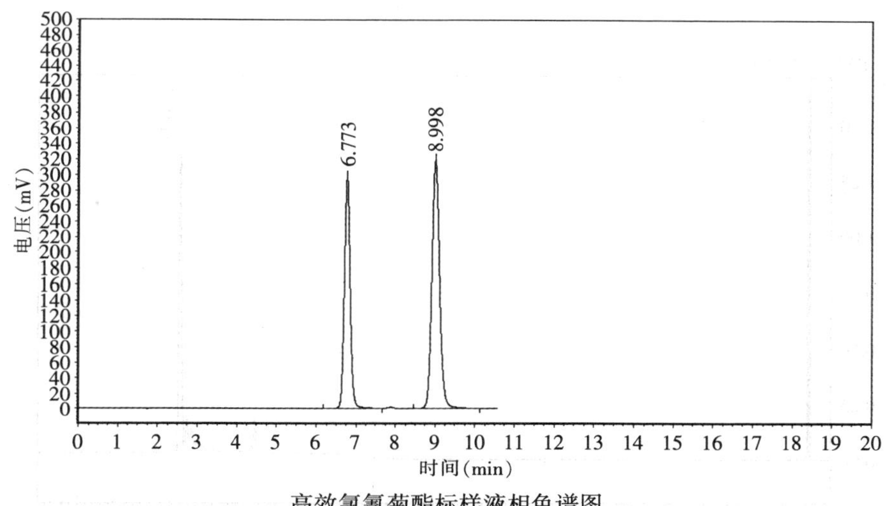

高效氯氰菊酯标样液相色谱图

案例 22　5%啶虫脒乳油中含高效氯氰菊酯

气相筛选图

柱温：180℃/10min（20℃/min）→210℃/15min（20℃/min）→280℃/15min；气化室温度：260℃；检测室温度：280℃；检测器（分流比）：FID（30∶1）；色谱柱：中等极性（30m×0.32mm×0.25μm）。

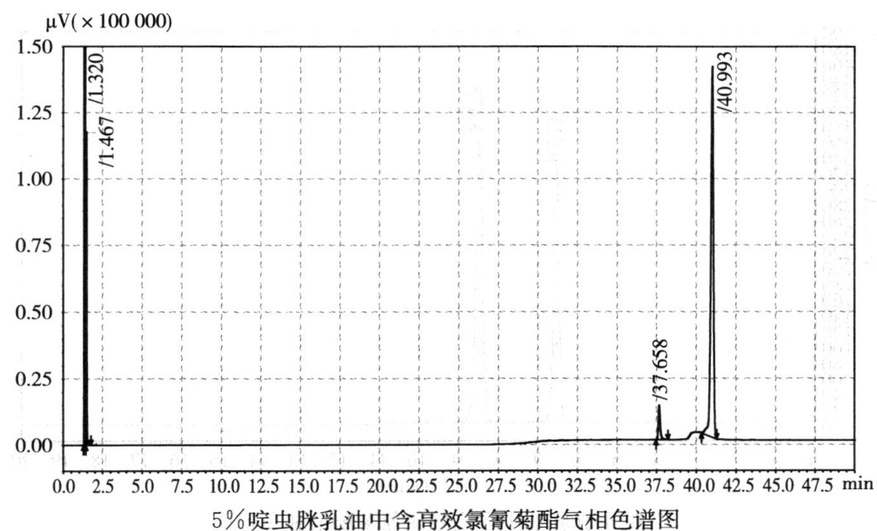

5%啶虫脒乳油中含高效氯氰菊酯气相色谱图

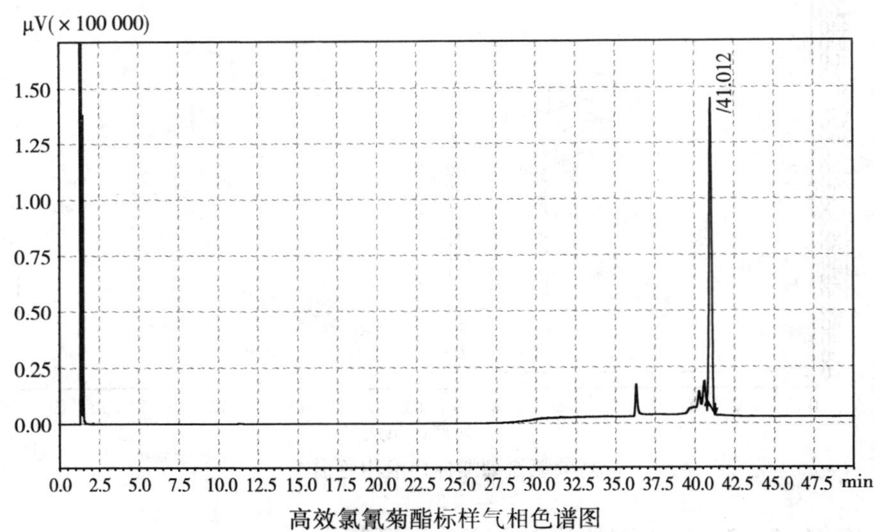

高效氯氰菊酯标样气相色谱图

液相色谱验证图

柱子：硅胶柱（250mm×4.6mm）；流动相：正己烷+无水乙醚（98+2）；波长：230nm；流速：2.2mL/min。

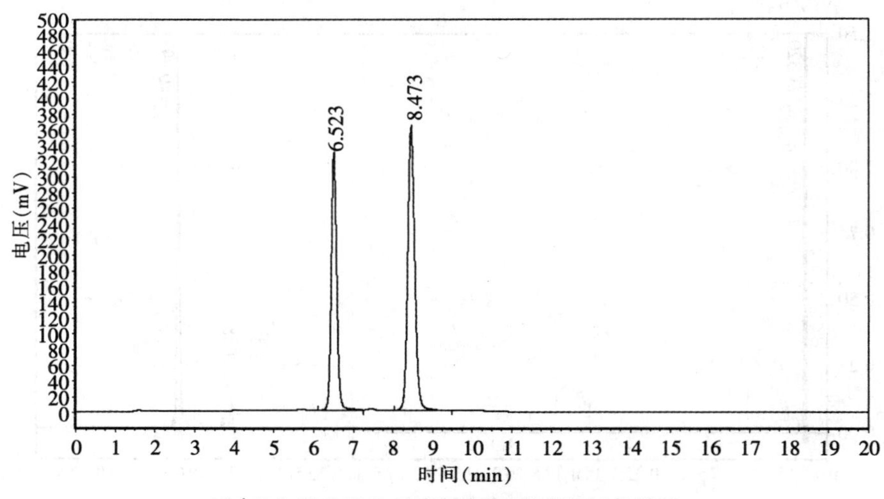

5%啶虫脒乳油中含高效氯氰菊酯液相色谱图

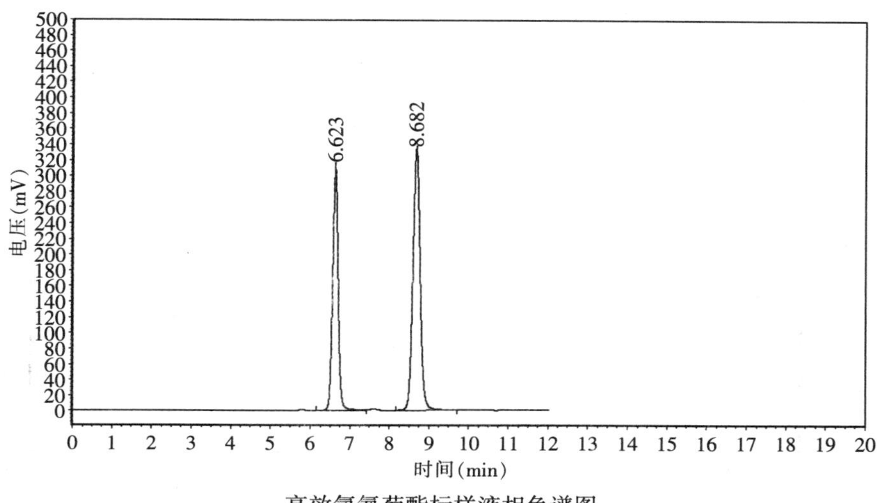

高效氯氰菊酯标样液相色谱图

案例 23　1%甲氨基阿维菌素苯甲酸盐乳油中含高效氯氰菊酯

气相筛选图

柱温：180℃/10min（20℃/min）→210℃/15min（20℃/min）→280℃/15min；气化室温度：260℃；检测室温度：280℃；检测器（分流比）：FID（30∶1）；色谱柱：中等极性（30m×0.32mm×0.25μm）。

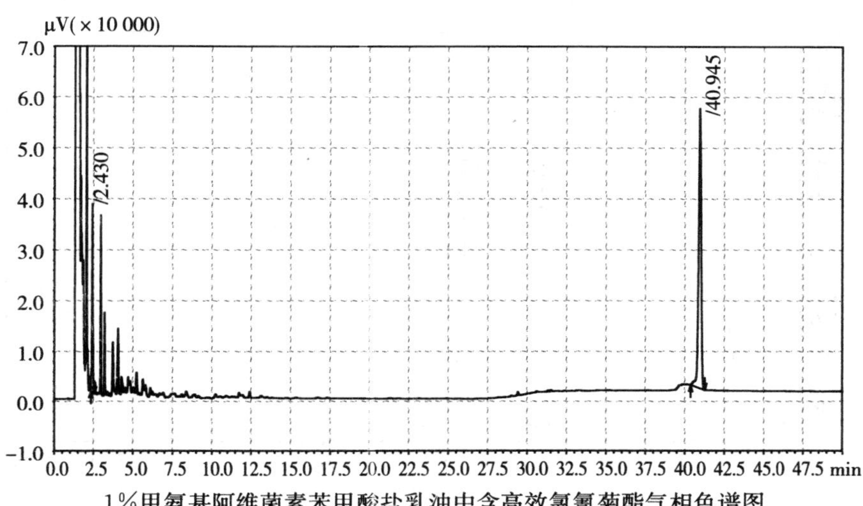

1%甲氨基阿维菌素苯甲酸盐乳油中含高效氯氰菊酯气相色谱图

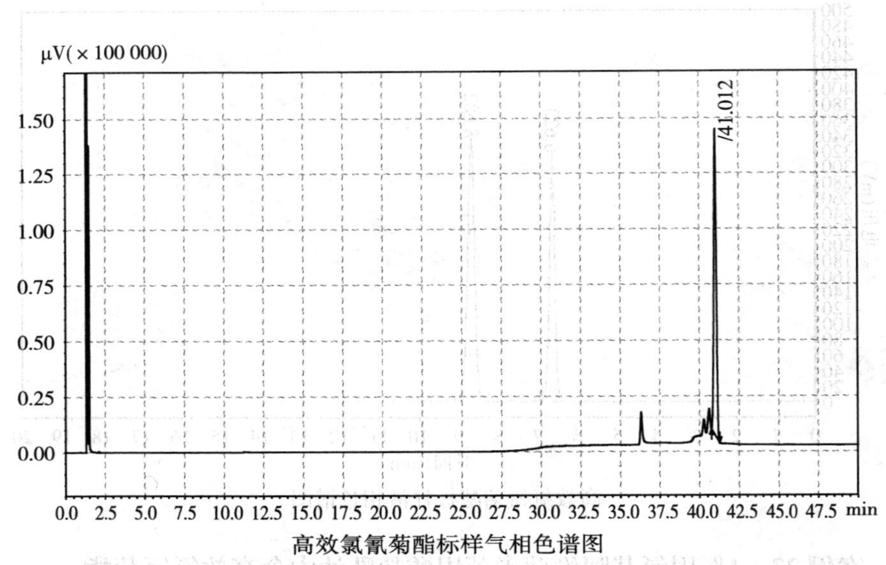

高效氯氰菊酯标样气相色谱图

液相色谱验证图

柱子：硅胶柱（250mm×4.6mm）；流动相：正己烷＋无水乙醚（98＋2）；波长：230nm；流速：2.2mL/min。

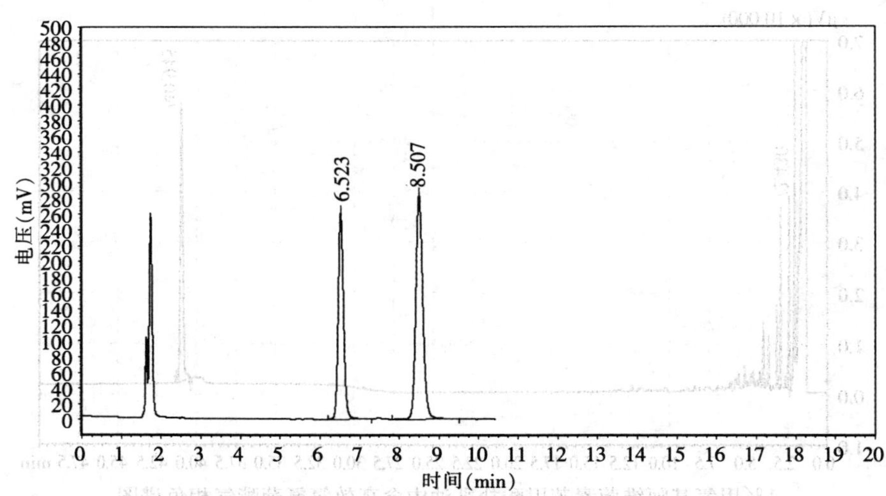

1％甲氨基阿维菌素苯甲酸盐乳油中含高效氯氰菊酯液相色谱图

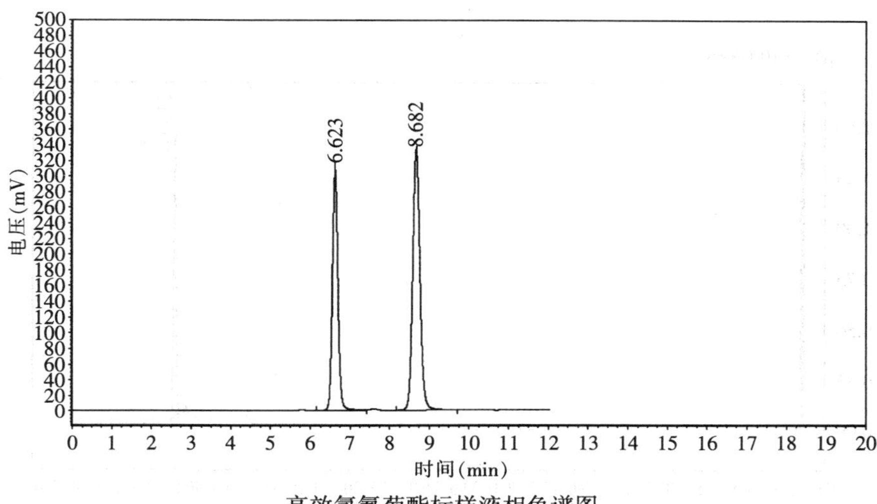

高效氯氰菊酯标样液相色谱图

案例 24　20%氰戊·马拉松乳油中含高效氯氰菊酯

气相筛选图

柱温：180℃/10min（20℃/min）→210℃/15min（20℃/min）→280℃/15min；气化室温度：260℃；检测室温度：280℃；检测器（分流比）：FID（30∶1）；色谱柱：中等极性（30m×0.32mm×0.25μm）。

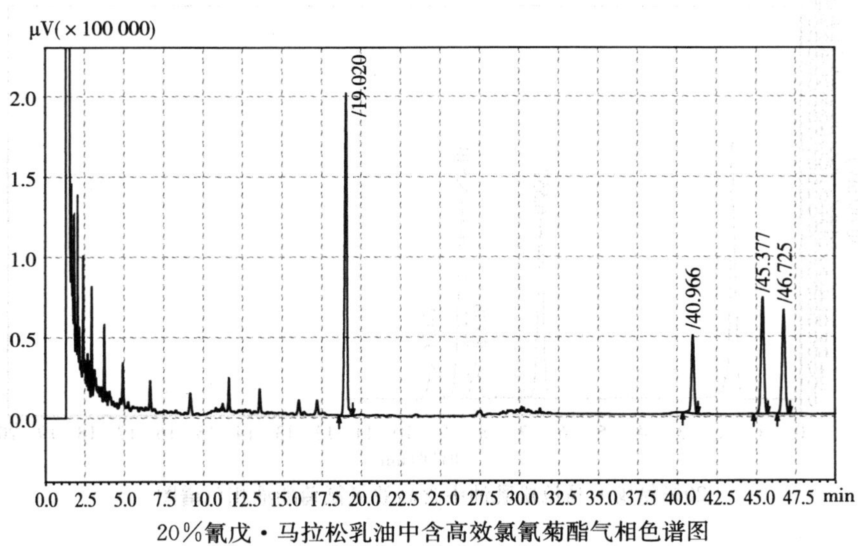

20%氰戊·马拉松乳油中含高效氯氰菊酯气相色谱图

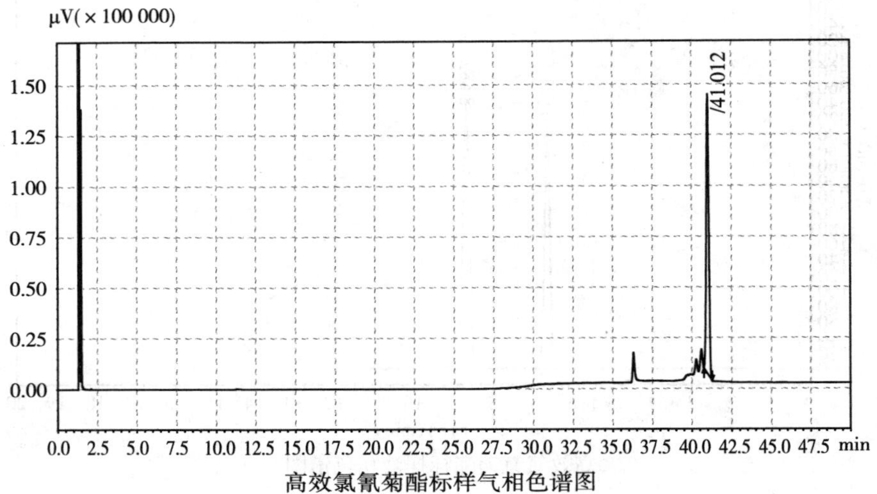

高效氯氰菊酯标样气相色谱图

液相色谱验证图

柱子：硅胶柱（250mm×4.6mm）；流动相：正己烷＋无水乙醚（98＋2）；波长：230nm；流速：2.2mL/min。

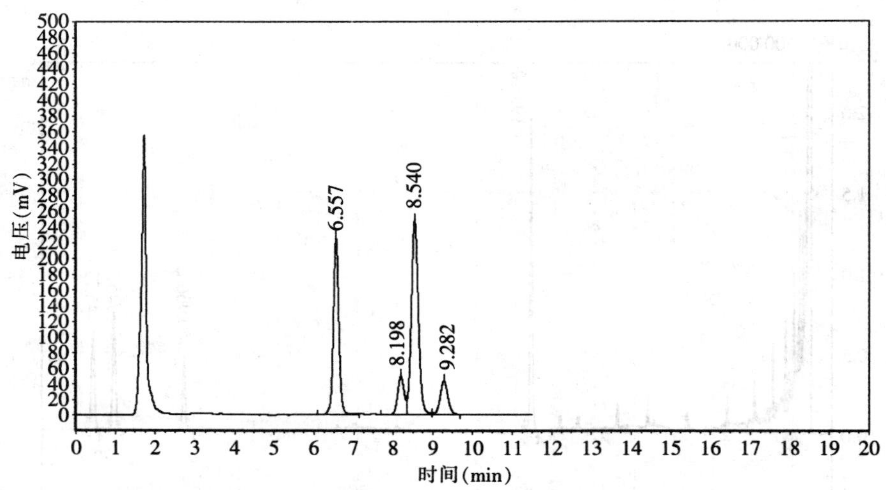

20%氰戊·马拉松乳油中含高效氯氰菊酯液相色谱图

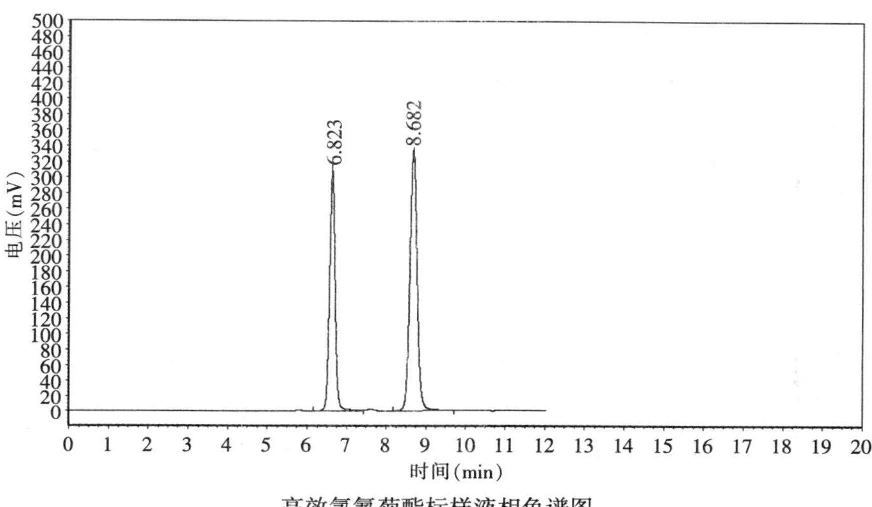

高效氯氰菊酯标样液相色谱图

案例 25　13%丙威·毒死蜱乳油中含高效氯氰菊酯

气相筛选图

柱温：180℃/10min（20℃/min）→210℃/15min（20℃/min）→280℃/15min；气化室温度：260℃；检测室温度：280℃；检测器（分流比）：FID（30∶1）；色谱柱：中等极性（30m×0.32mm×0.25μm）。

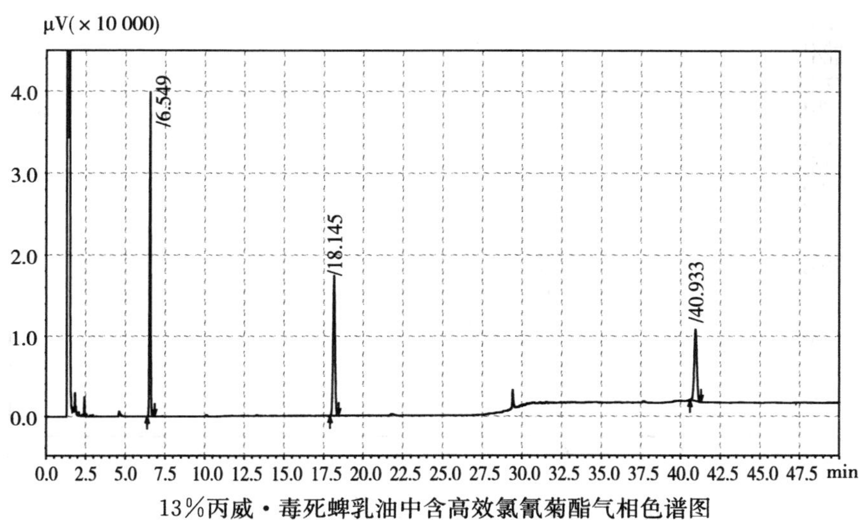

13%丙威·毒死蜱乳油中含高效氯氰菊酯气相色谱图

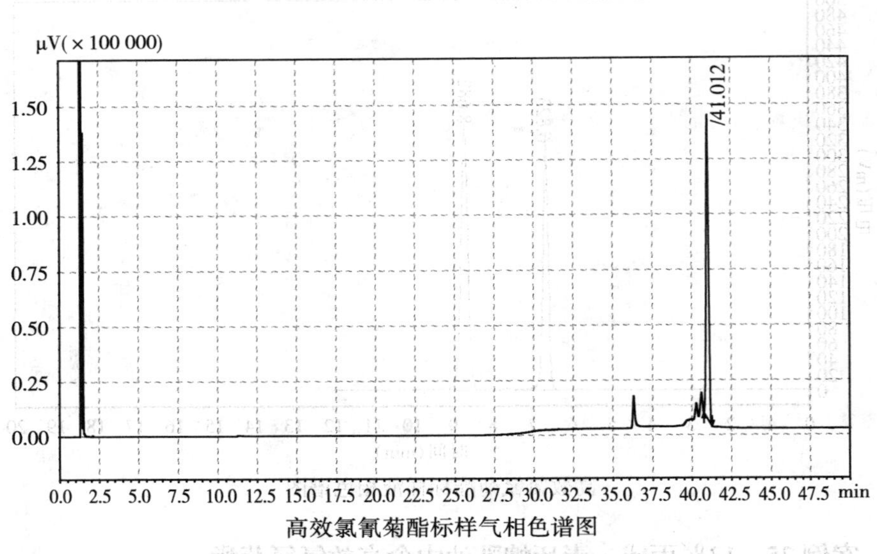

高效氯氰菊酯标样气相色谱图

液相色谱验证图

柱子：硅胶柱（250mm×4.6mm）；流动相：正己烷＋无水乙醚（98＋2）；波长：230nm；流速：2.2mL/min。

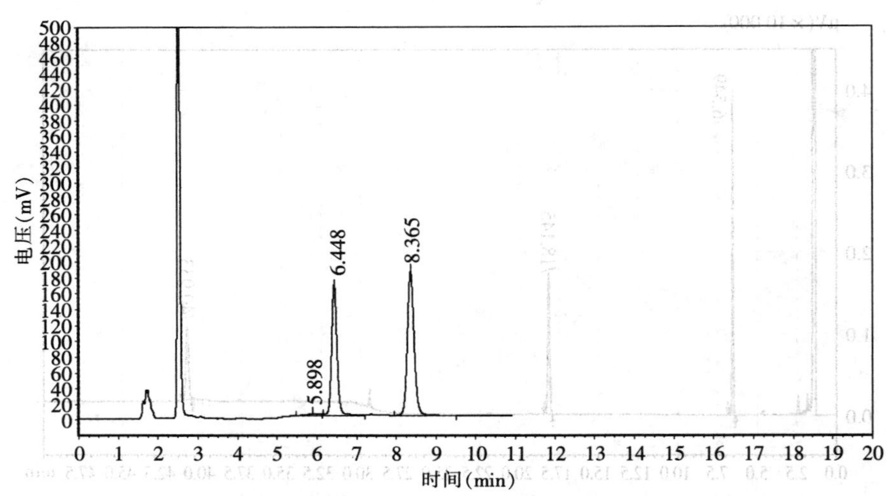

13%丙威·毒死蜱乳油中含高效氯氰菊酯液相色谱图

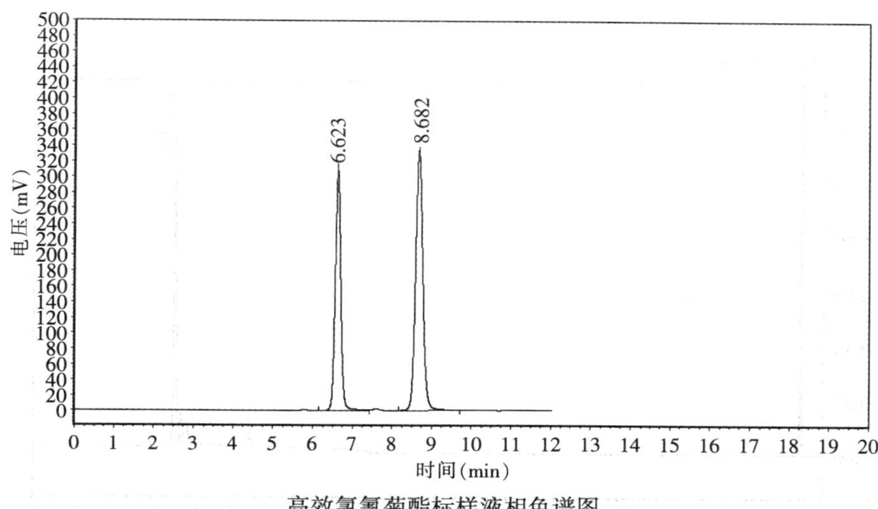

高效氯氰菊酯标样液相色谱图

案例26　25%丙溴·灭多威乳油中含高效氯氰菊酯

气相筛选图

柱温：180℃/10min（20℃/min）→210℃/15min（20℃/min）→280℃/15min；气化室温度：260℃；检测室温度：280℃；检测器（分流比）：FID（30∶1）；色谱柱：中等极性（30m×0.32mm×0.25μm）。

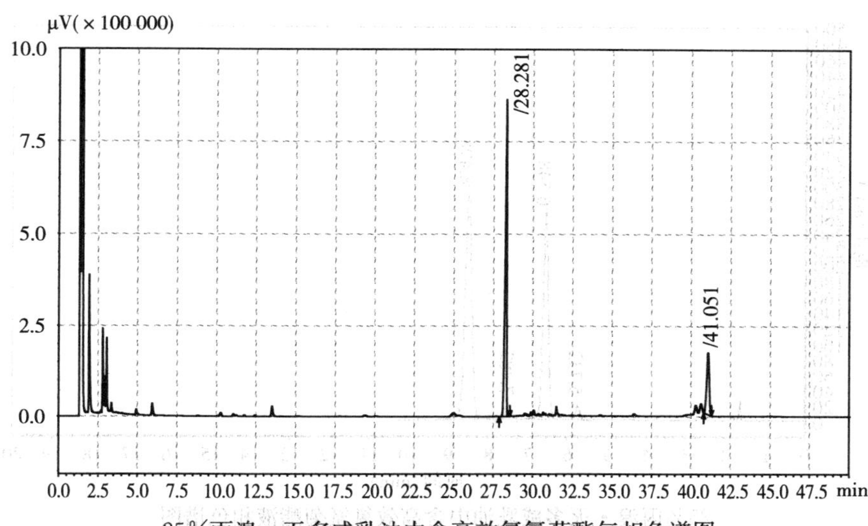

25%丙溴·灭多威乳油中含高效氯氰菊酯气相色谱图

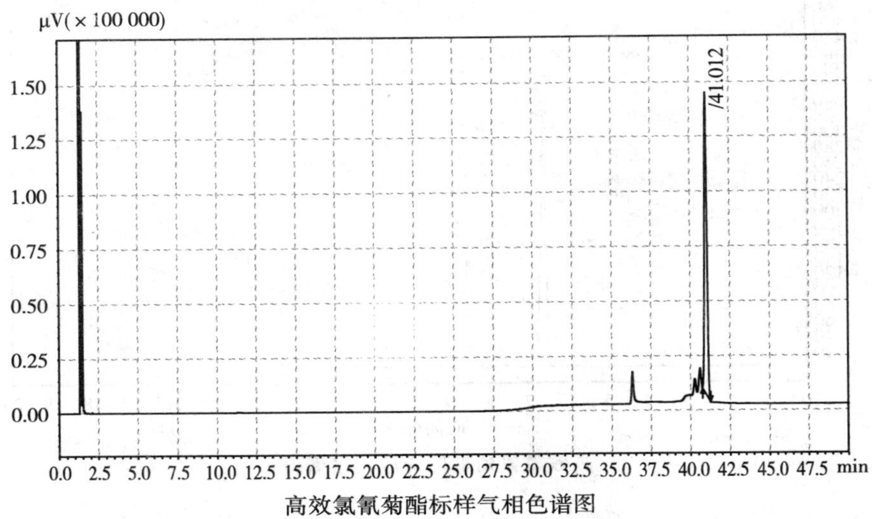

高效氯氰菊酯标样气相色谱图

液相色谱验证图

柱子：硅胶柱（250mm×4.6mm）；流动相：正己烷＋无水乙醚（98＋2）；波长：230nm；流速：2.2mL/min。

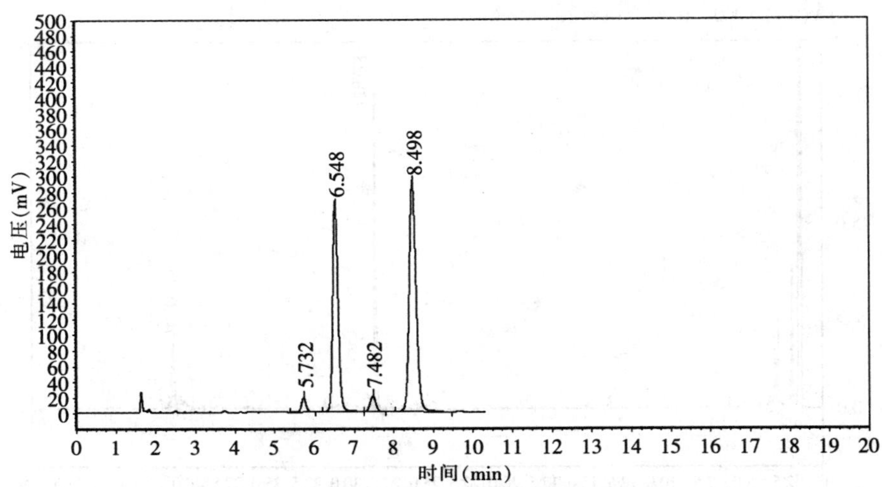

25％丙溴·灭多威乳油中含高效氯氰菊酯液相色谱图

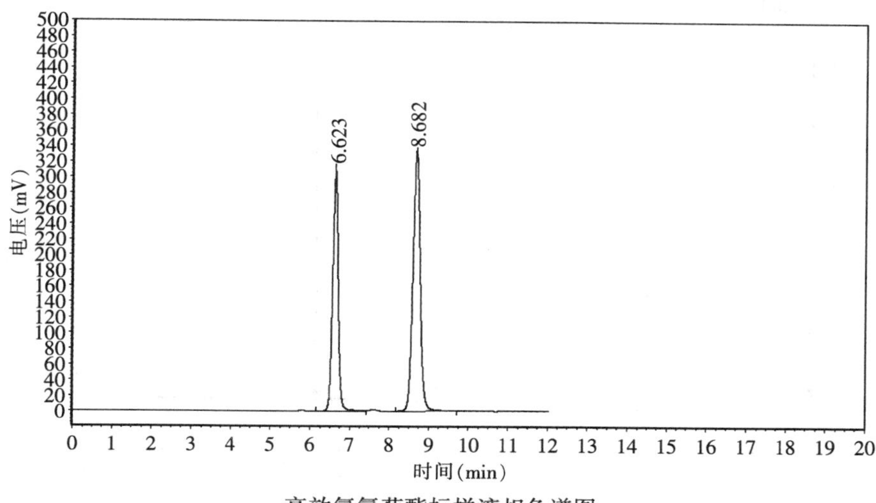

高效氯氰菊酯标样液相色谱图

案例 27　1%阿维菌素乳油中含甲氰菊酯

气相筛选图

柱温：180℃/10min（20℃/min）→210℃/15min（20℃/min）→280℃/15min；气化室温度：260℃；检测室温度：280℃；检测器（分流比）：FID（30∶1）；色谱柱：中等极性（30m×0.32mm×0.25μm）。

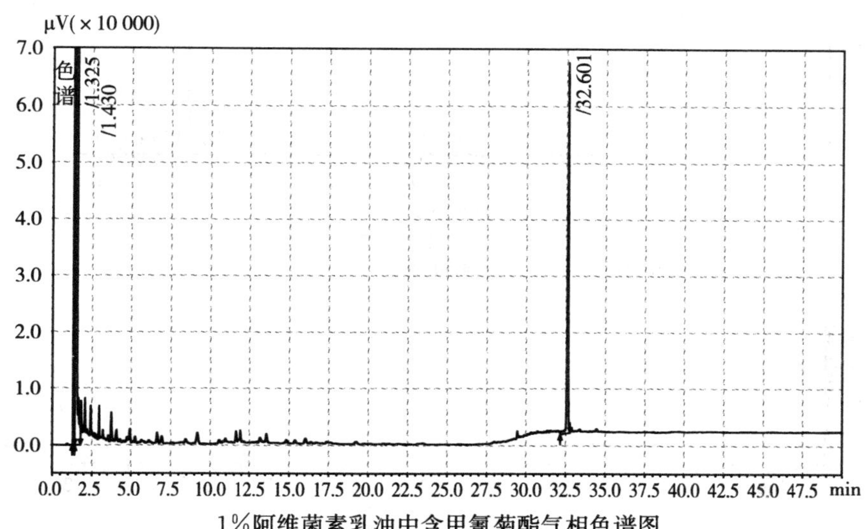

1%阿维菌素乳油中含甲氰菊酯气相色谱图

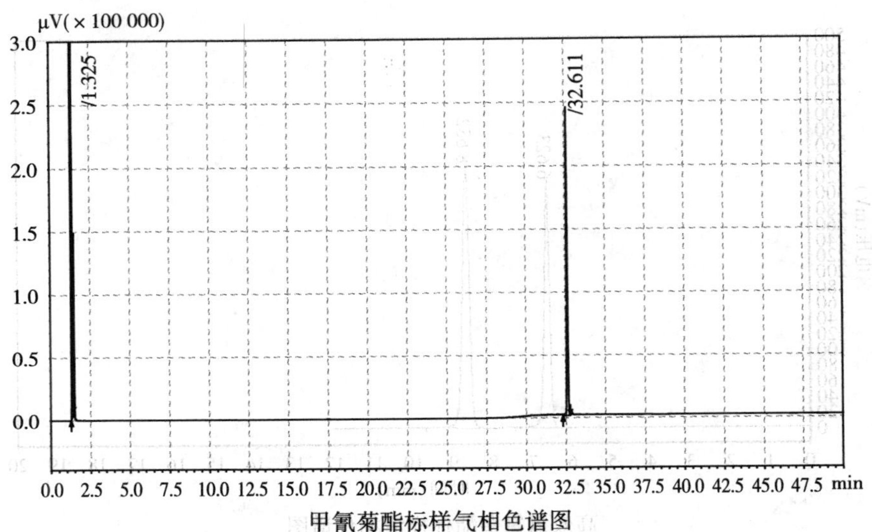

甲氰菊酯标样气相色谱图

气相色谱—质谱确证图

进样温度：220℃；柱温：80℃/1min（15℃/min）→220℃/1min（20℃/min）→270℃/10min；传输温度：250℃；离子源温度：250℃。

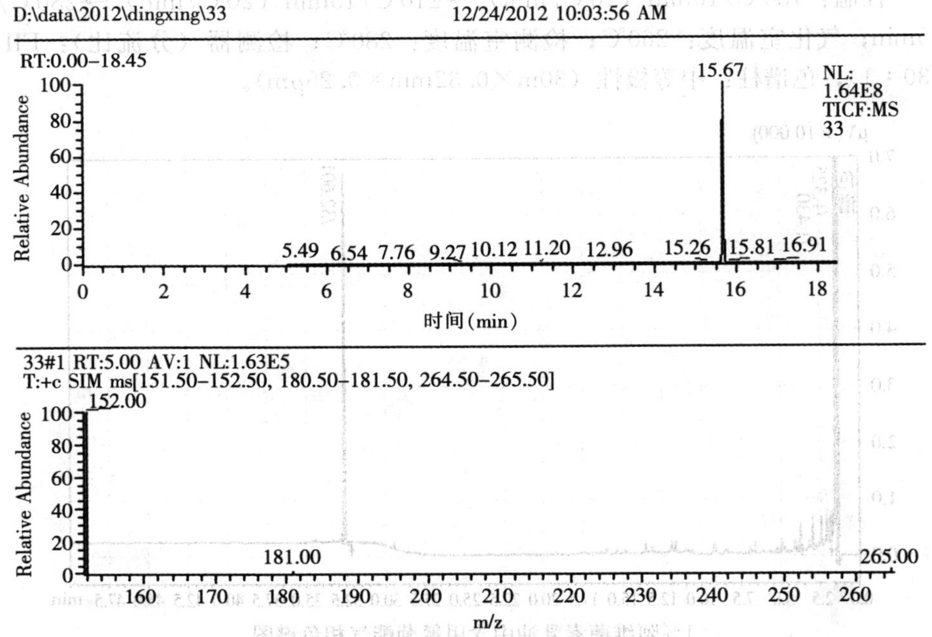

1%阿维菌素乳油中含甲氰菊酯质谱图

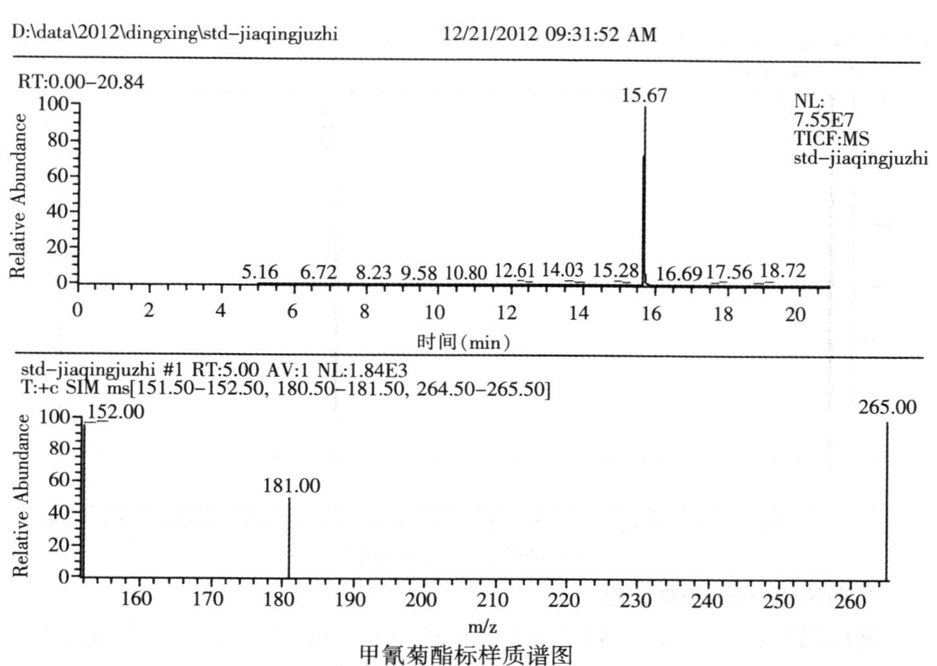

甲氰菊酯标样质谱图

案例 28　25g/L 高效氯氟氰菊酯微乳剂中含甲氰菊酯

气相筛选图

柱温：180℃/10min（20℃/min）→210℃/15min（20℃/min）→280℃/15min；气化室温度：260℃；检测室温度：280℃；检测器（分流比）：FID

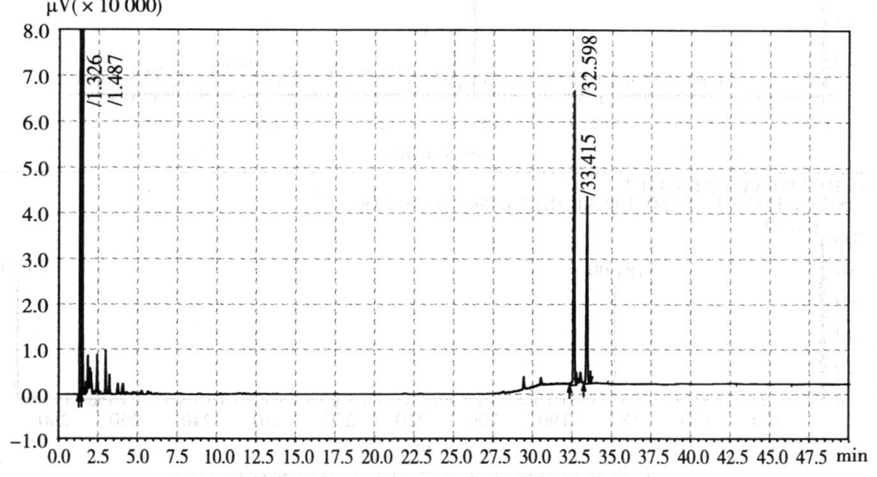

25g/L 高效氯氟氰菊酯微乳剂中含甲氰菊酯气相色谱图

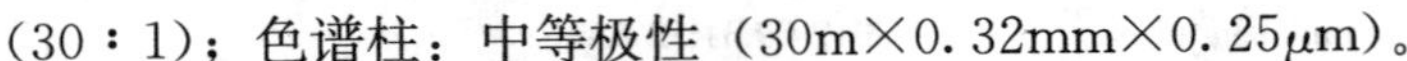
（30∶1）；色谱柱：中等极性（30m×0.32mm×0.25μm）。

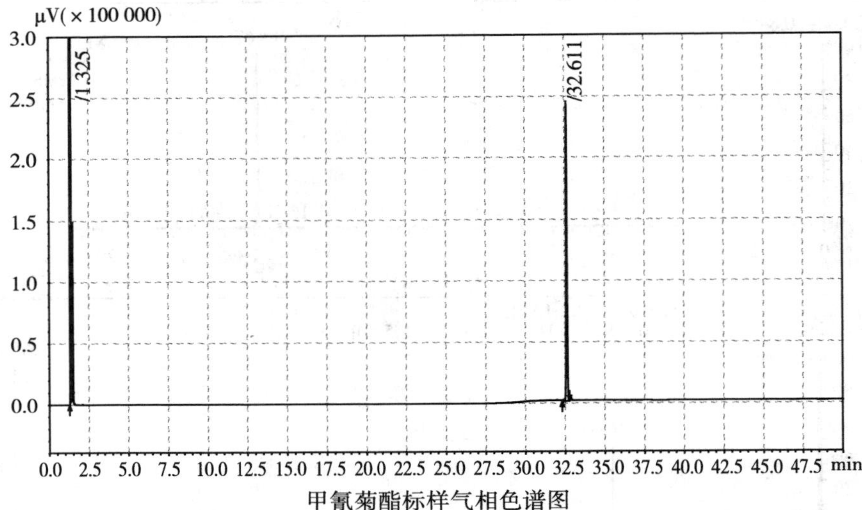

甲氰菊酯标样气相色谱图

气相色谱—质谱确证图

进样温度：220℃；柱温：80℃/1min（15℃/min）→220℃/1min（20℃/min）→270℃/10min；传输温度：250℃；离子源温度：250℃。

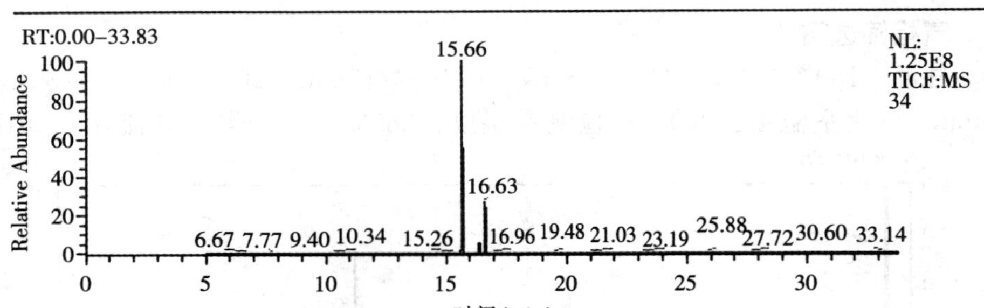

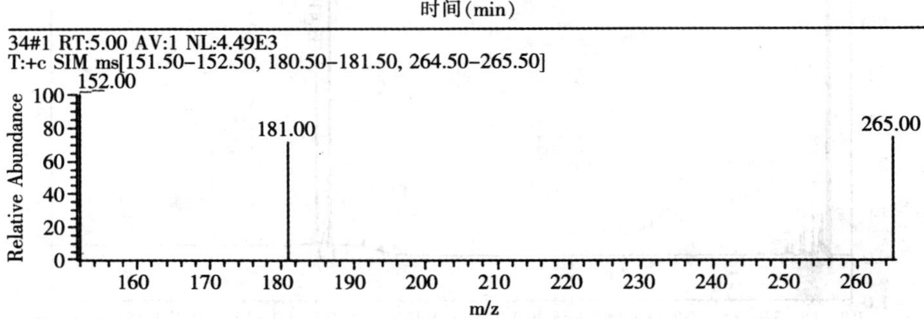

25g/L高效氯氟氰菊酯微乳剂中含甲氰菊酯质谱图

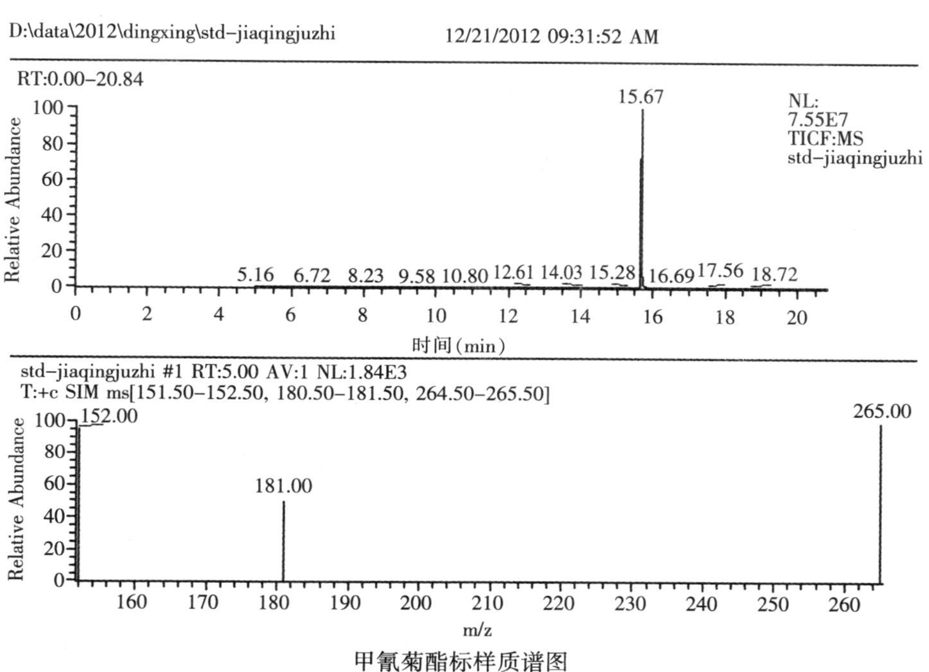

甲氰菊酯标样质谱图

案例 29　4.5%高效氯氰菊酯乳油中含甲氰菊酯

气相筛选图

柱温：180℃/10min（20℃/min）→210℃/15min（20℃/min）→280℃/15min；气化室温度：260℃；检测室温度：280℃；检测器（分流比）：FID

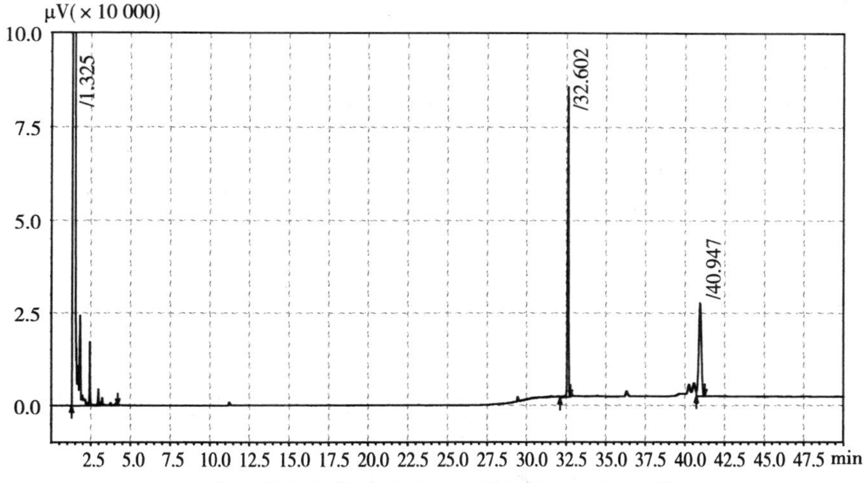

4.5%高效氯氰菊酯乳油中含甲氰菊酯气相色谱图

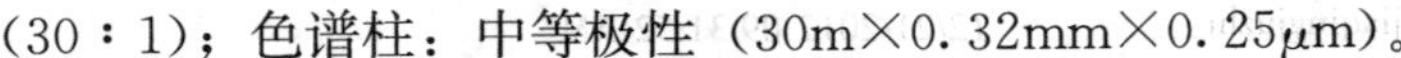

（30：1）；色谱柱：中等极性（30m×0.32mm×0.25μm）。

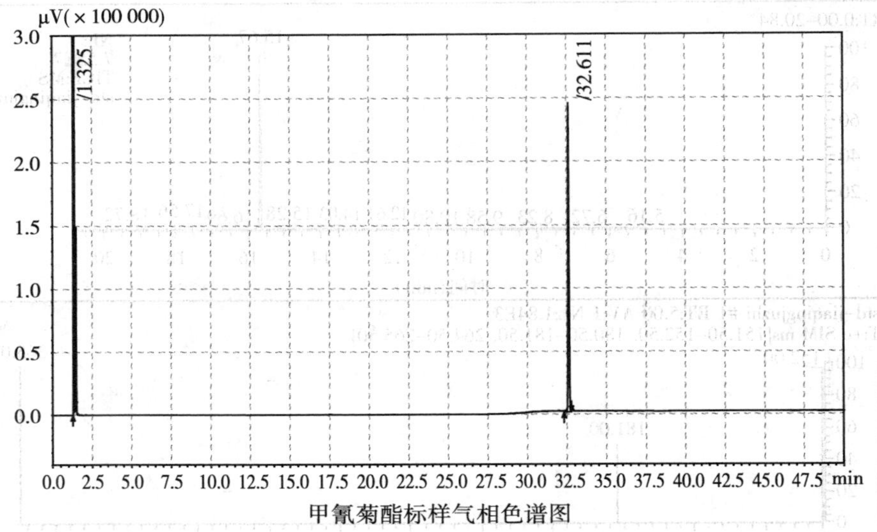

甲氰菊酯标样气相色谱图

气相色谱—质谱确证图

进样温度：220℃；柱温：80℃/1min（15℃/min）→220℃/1min（20℃/min）→270℃/10min；传输温度：250℃；离子源温度：250℃。

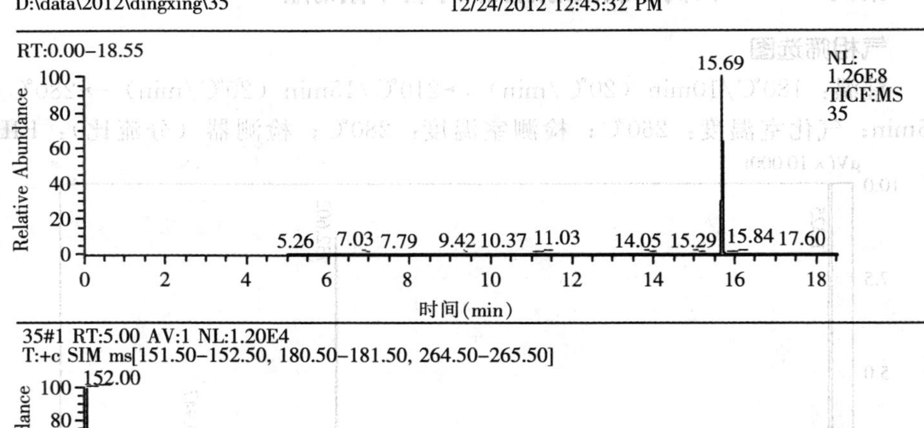

4.5%高效氯氰菊酯乳油中含甲氰菊酯质谱图

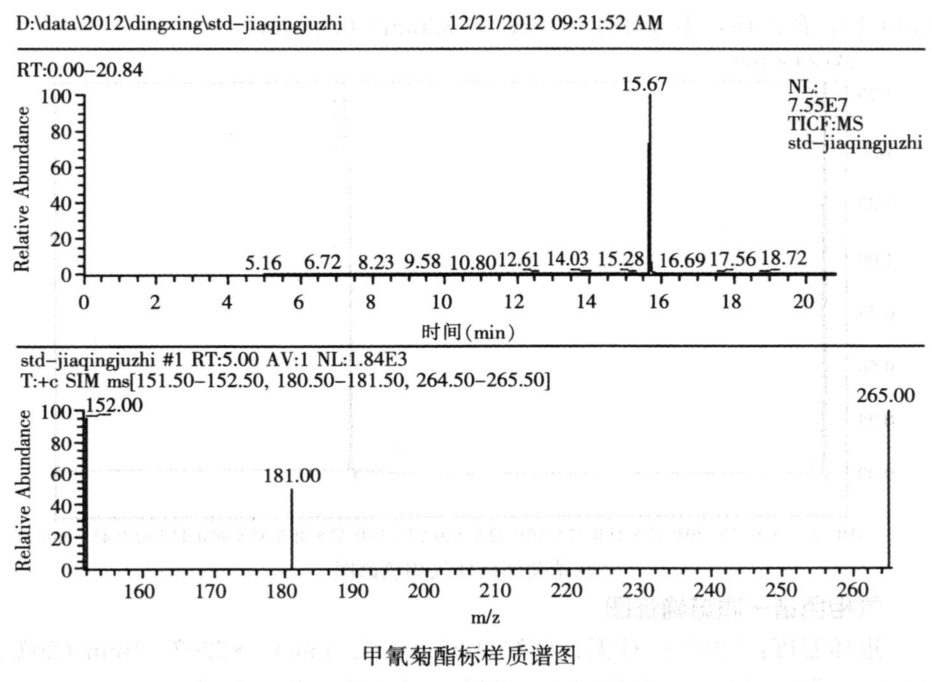

甲氰菊酯标样质谱图

案例30 3%啶虫脒乳油中含联苯菊酯

气相筛选图

柱温：180℃/10min（20℃/min）→210℃/15min（20℃/min）→280℃/15min；气化室温度：260℃；检测室温度：280℃；检测器（分流比）：FID

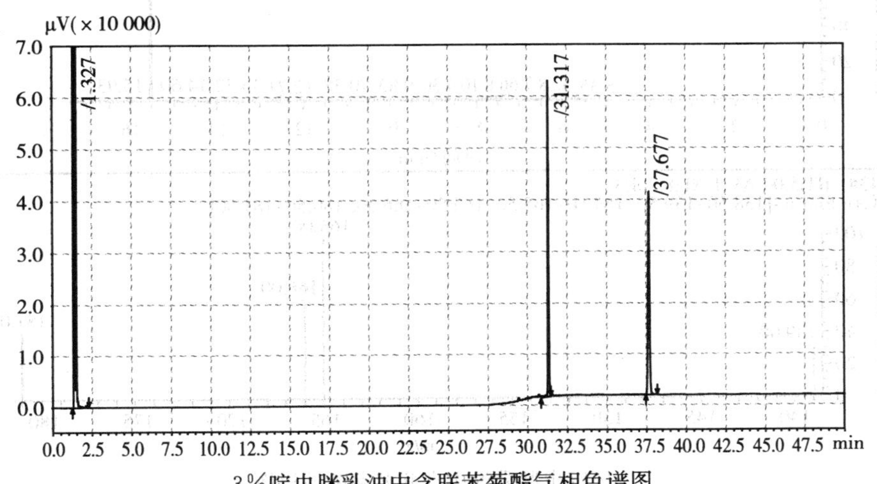

3%啶虫脒乳油中含联苯菊酯气相色谱图

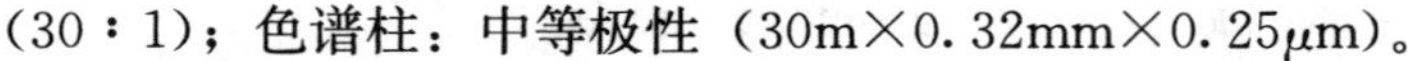

（30：1）；色谱柱：中等极性（30m×0.32mm×0.25μm）。

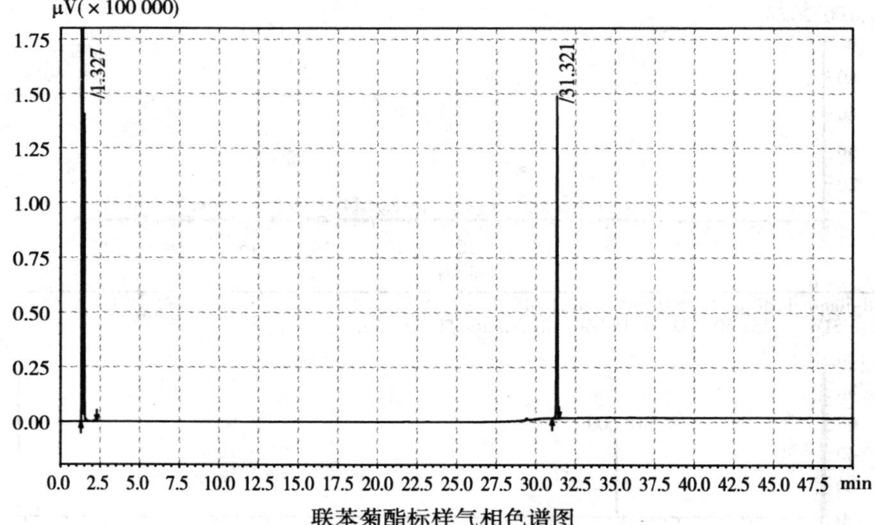

联苯菊酯标样气相色谱图

气相色谱—质谱确证图

进样温度：220℃；柱温：80℃/1min（15℃/min）→220℃/1min（20℃/min）→270℃/10min；传输温度：250℃；离子源温度：250℃。

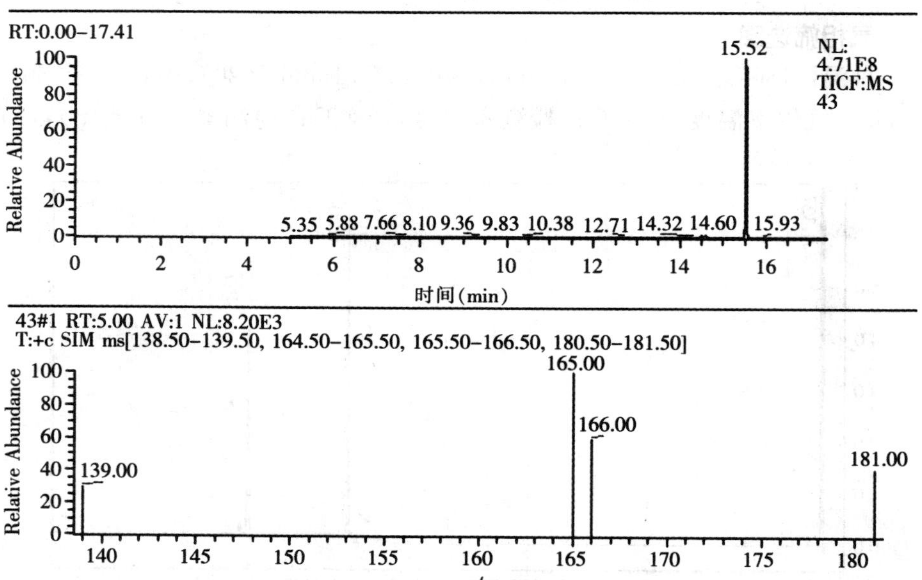

3%啶虫脒乳油中含联苯菊酯质谱图

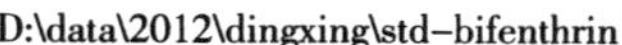

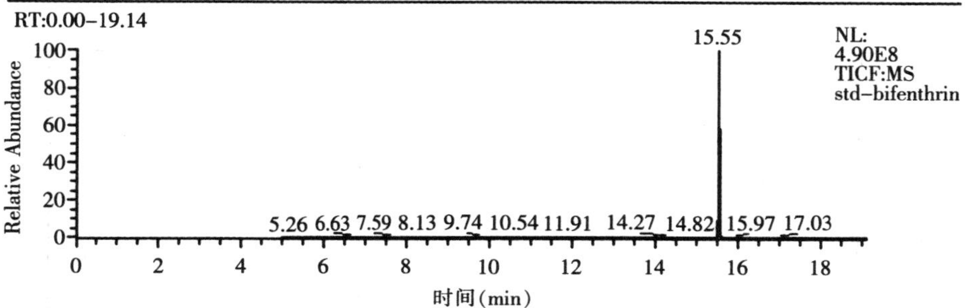

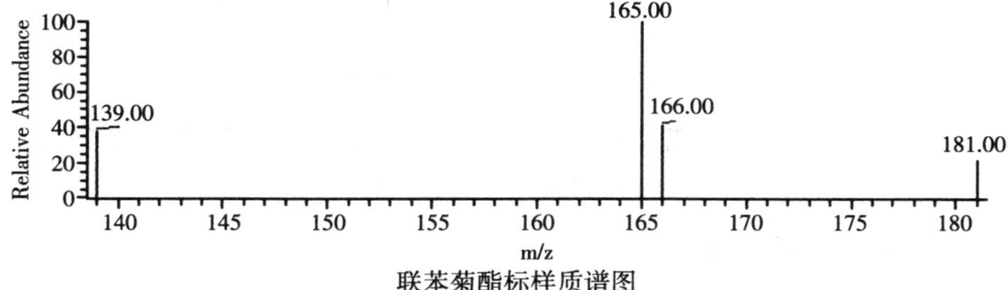

联苯菊酯标样质谱图

案例 31　4.2%阿维·高氯乳油中含联苯菊酯

气相筛选图

柱温：180℃/10min（20℃/min）→210℃/15min（20℃/min）→280℃/15min；气化室温度：260℃；检测室温度：280℃；检测器（分流比）：FID

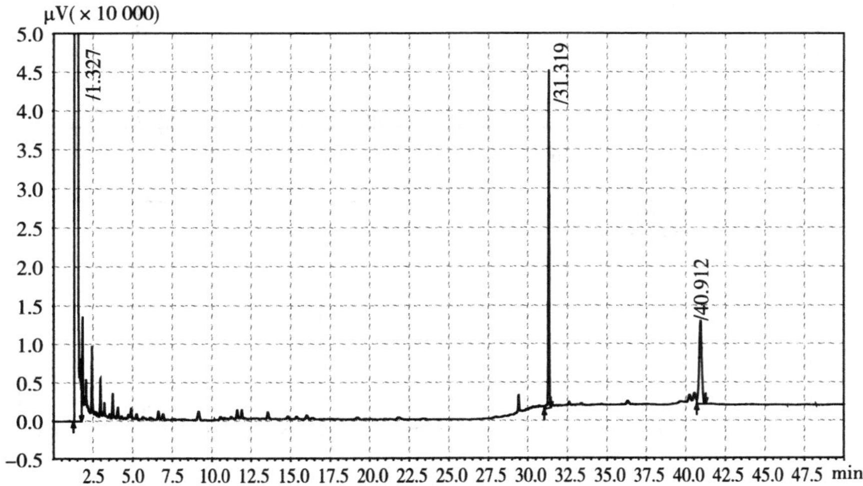

4.2%阿维·高氯乳油中含联苯菊酯气相色谱图

（30∶1）；色谱柱：中等极性（30m×0.32mm×0.25μm）。

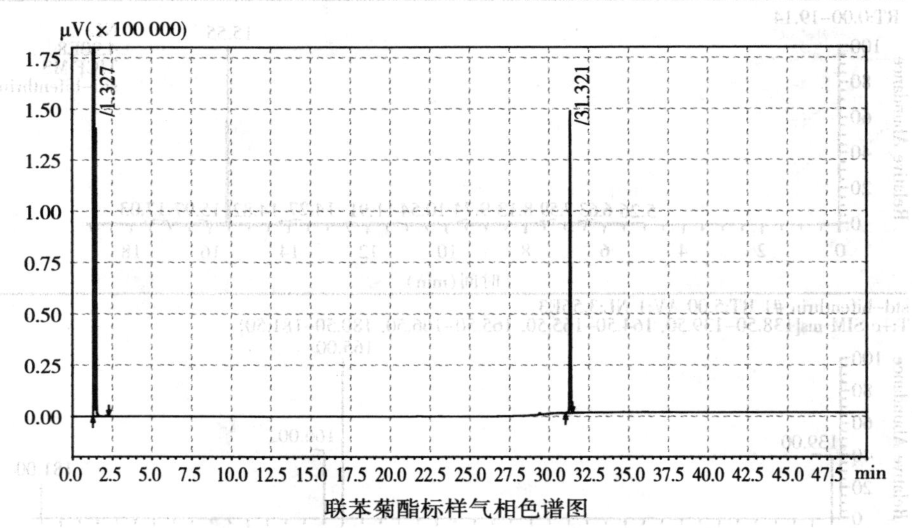

联苯菊酯标样气相色谱图

气相色谱—质谱确证图

进样温度：220℃；柱温：80℃/1min（15℃/min）→220℃/1min（20℃/min）→270℃/10min；传输温度：250℃；离子源温度：250℃。

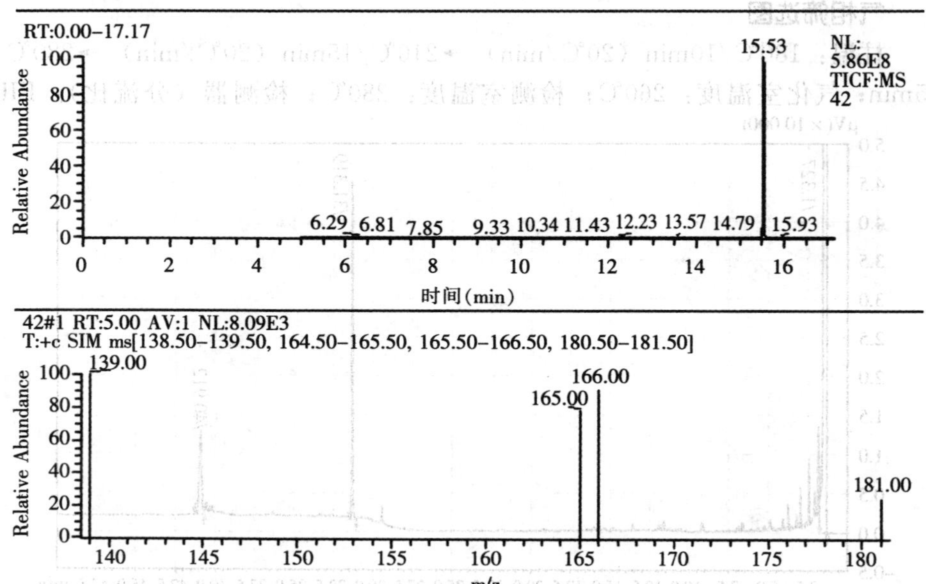

4.2%阿维·高氯乳油中含联苯菊酯质谱图

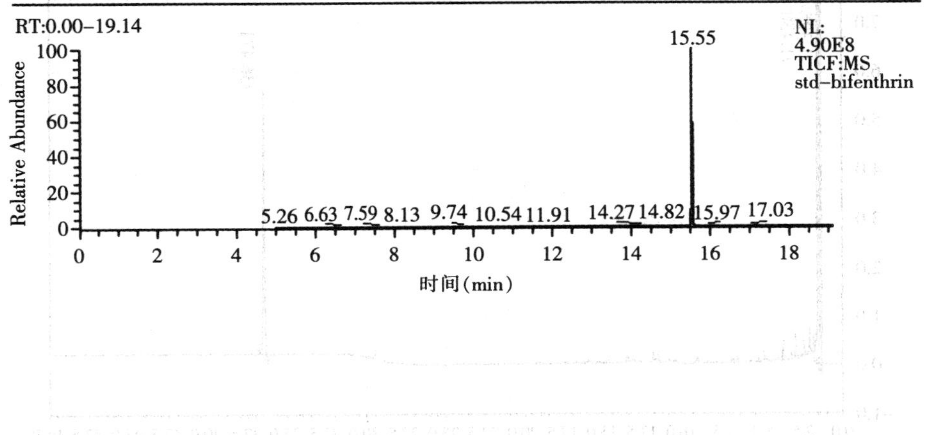

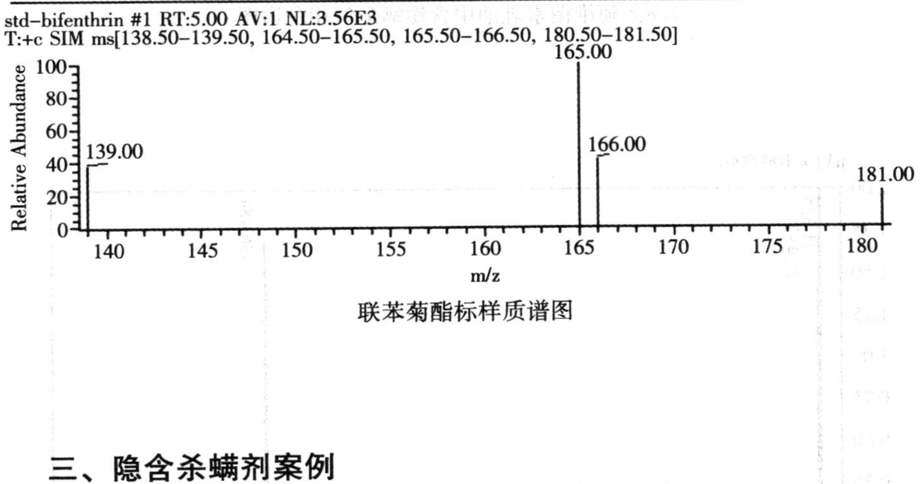

联苯菊酯标样质谱图

三、隐含杀螨剂案例

案例32　1.8%阿维菌素乳油中含螺螨酯

气相筛选图

柱温：180℃/10min（20℃/min）→210℃/15min（20℃/min）→280℃/15min；气化室温度：260℃；检测室温度：280℃；检测器（分流比）：FID（30：1）；色谱柱：中等极性（30m×0.32mm×0.25μm）。

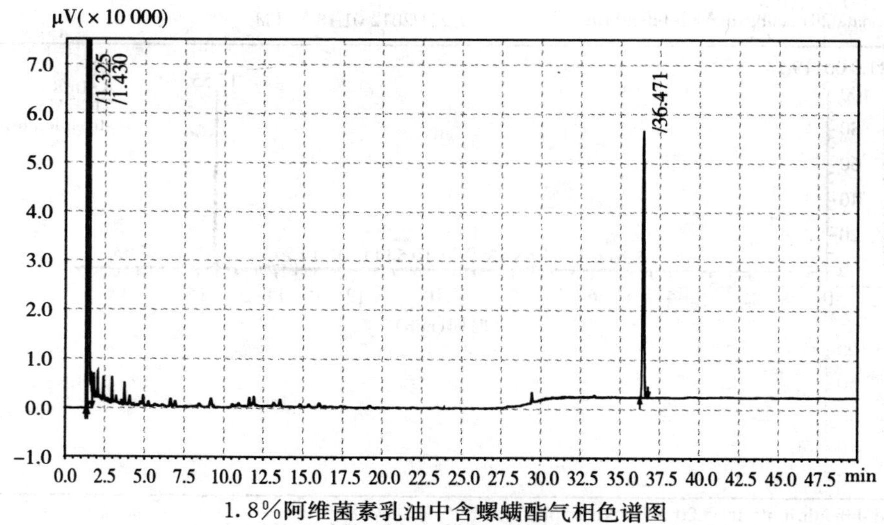

1.8%阿维菌素乳油中含螺螨酯气相色谱图

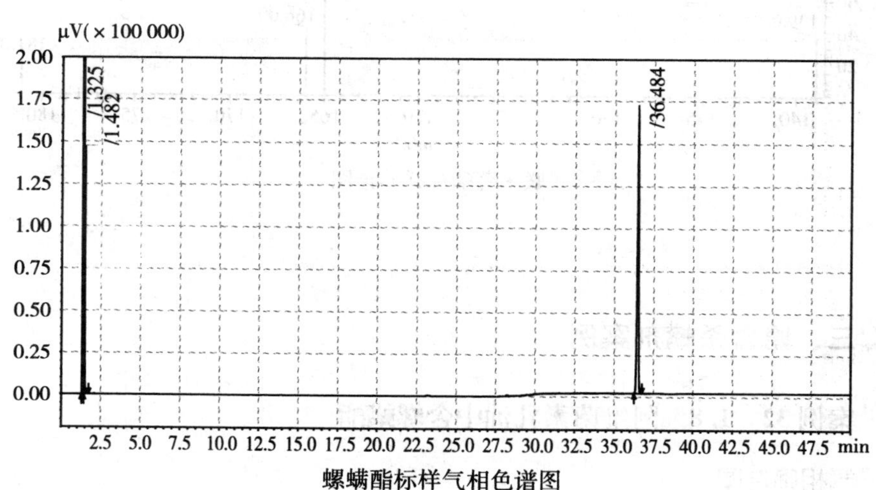

螺螨酯标样气相色谱图

气相色谱—质谱确证图

进样温度：220℃；柱温：80℃/1min（15℃/min）→220℃/1min（20℃/min）→270℃/10min；传输温度：250℃；离子源温度：250℃。

D:\data\2012\dingxing\32　　12/24/2012 09:38:24 AM

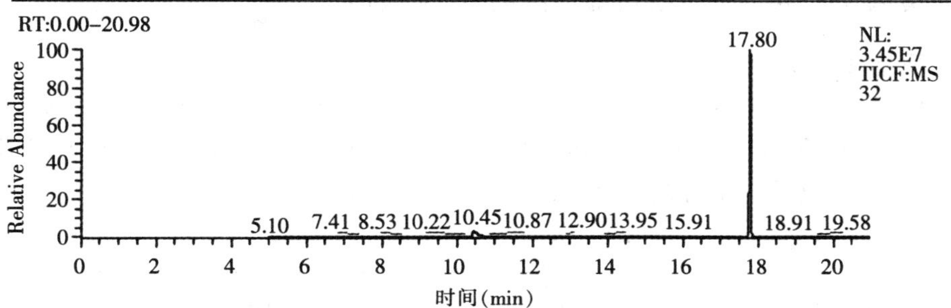

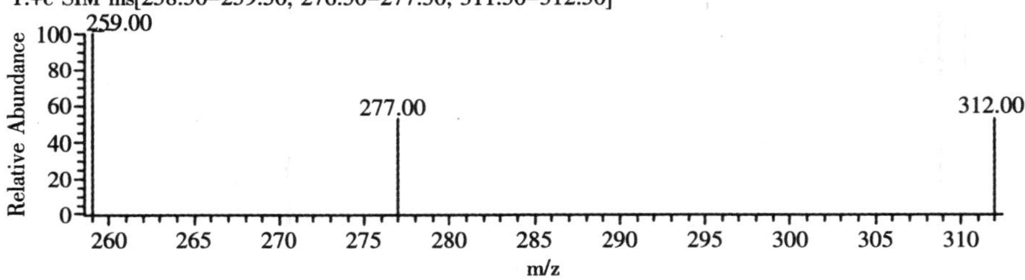

1.8%阿维菌素乳油中含螺螨酯质谱图

D:\data\2012\dingxing\std-luomanzhi　　12/21/2012 08:32:41 AM

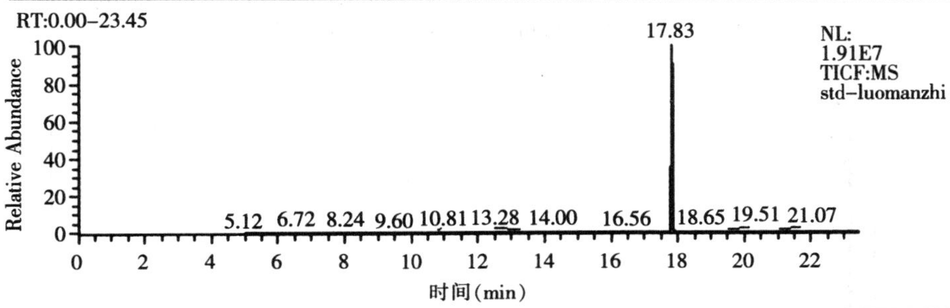

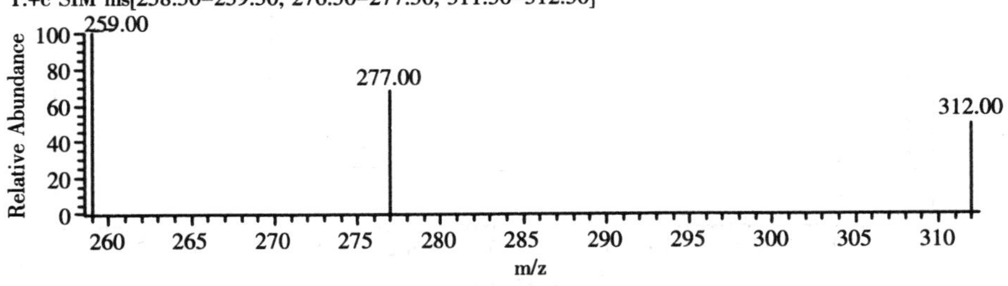

螺螨酯标样质谱图

案例 33　10%吡虫啉可湿性粉剂中含哒螨灵

气相筛选图

柱温：180℃/10min（20℃/min）→210℃/15min（20℃/min）→280℃/15min；气化室温度：260℃；检测室温度：280℃；检测器（分流比）：FID（30∶1）；色谱柱：中等极性（30m×0.32mm×0.25μm）。

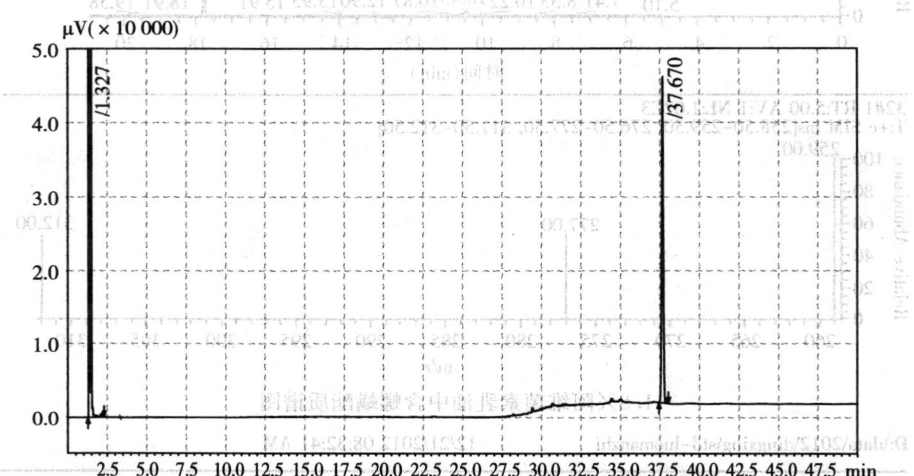

10%吡虫啉可湿粉剂中含哒螨灵气相色谱图

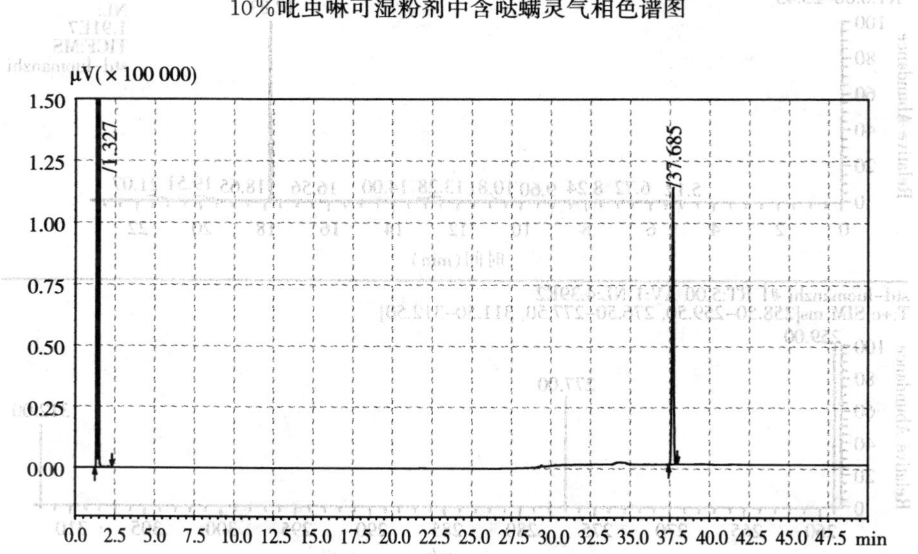

哒螨灵标样气相色谱图

气相色谱—质谱确证图

进样温度：220℃；柱温：80℃/1min（15℃/min）→220℃/1min（20℃/min）→270℃/10min；传输温度：250℃；离子源温度：250℃。

12/25/2012 08:09:15 AM

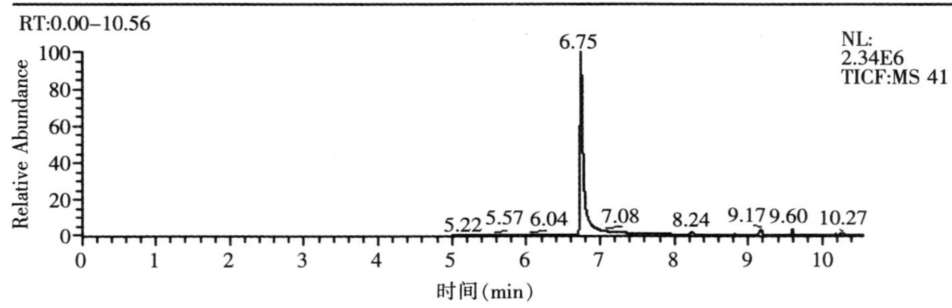

41#1 RT:5.00 AV:1 NL:3.31E3
T:+c SIM ms[116.50–117.50, 146.50–147.50, 363.50–364.50]

Relative Abundance

147.00

364.00

m/z

10%吡虫啉可湿性粉剂中含哒螨灵质谱图

D:\data\...\std-dml_121225075352　　12/25/2012 07:53:52 AM

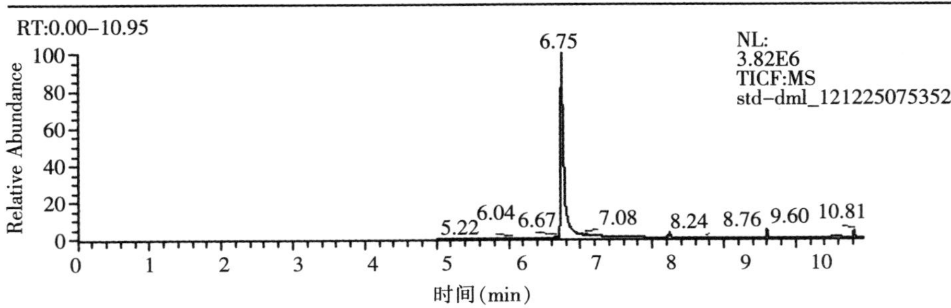

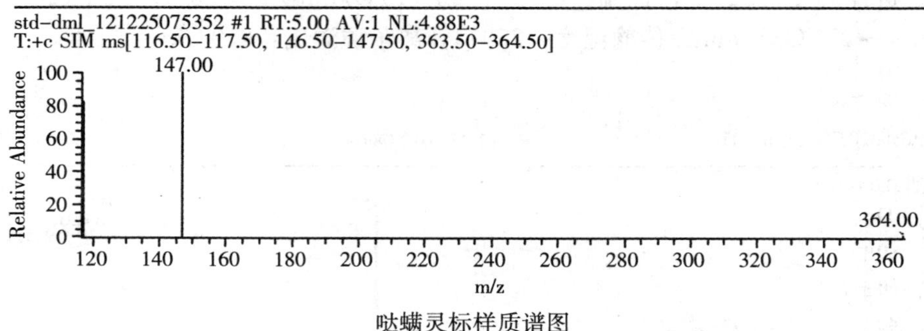

哒螨灵标样质谱图

四、隐含其他杀虫、杀菌剂案例

案例34　25g/L联苯菊酯乳油中含毒死蜱

气相筛选图

柱温：180℃/10min（20℃/min）→210℃/15min（20℃/min）→280℃/15min；气化室温度：260℃；检测室温度：280℃；检测器（分流比）：FID（30∶1）；色谱柱：中等极性（30m×0.32mm×0.25μm）。

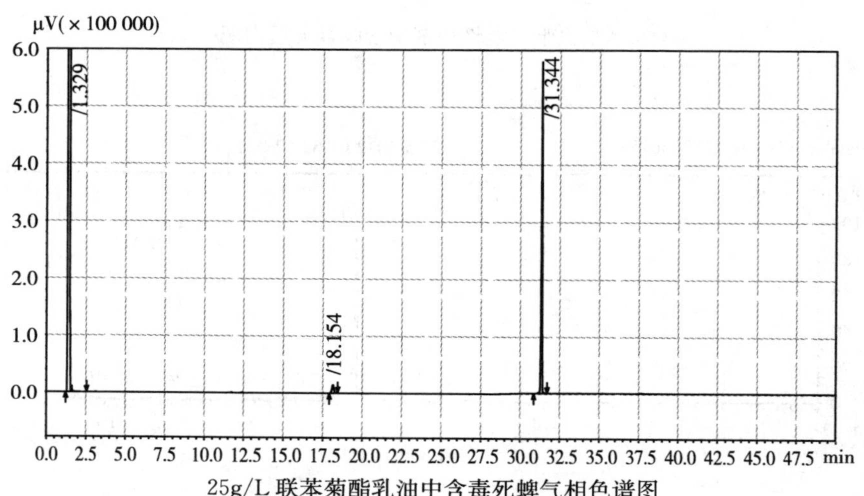

25g/L联苯菊酯乳油中含毒死蜱气相色谱图

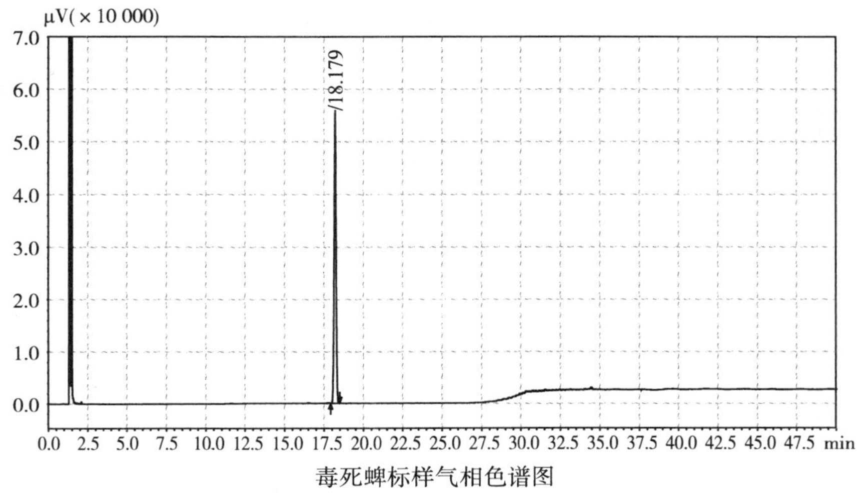

毒死蜱标样气相色谱图

气相色谱—质谱确证图

进样温度：220℃；柱温：80℃/1min（15℃/min）→220℃/1min（20℃/min）→270℃/5min；传输温度：240℃；离子源温度：240℃。

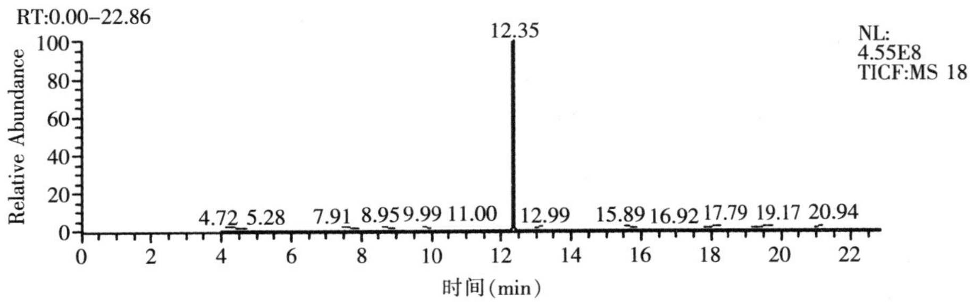

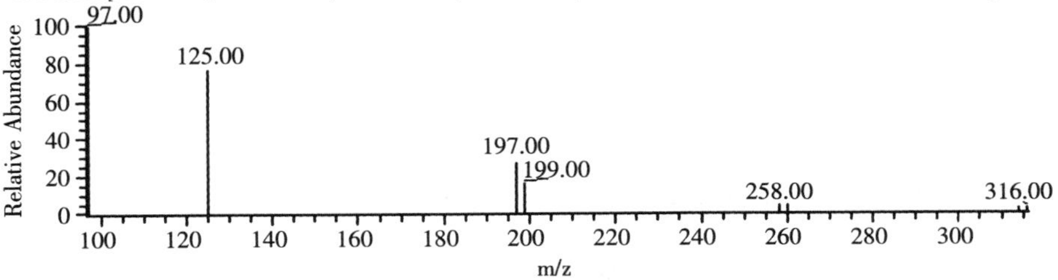

25g/L联苯菊酯乳油中含毒死蜱质谱图

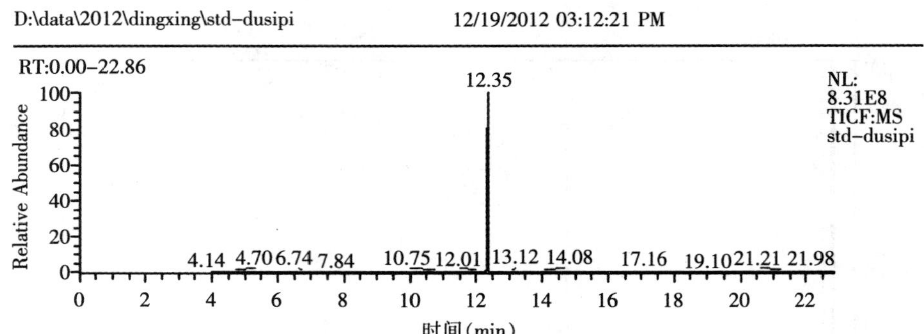

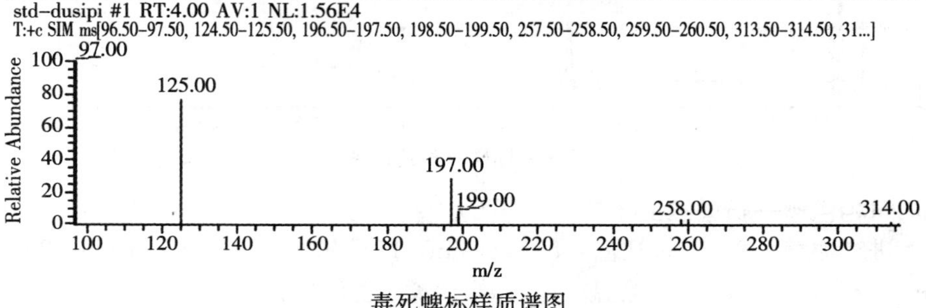

毒死蜱标样质谱图

案例35　1.8%阿维菌素乳油中含毒死蜱

气相筛选图

柱温：180℃/10min（20℃/min）→210℃/15min（20℃/min）→280℃/15min；气化室温度：260℃；检测室温度：280℃；检测器（分流比）：FID

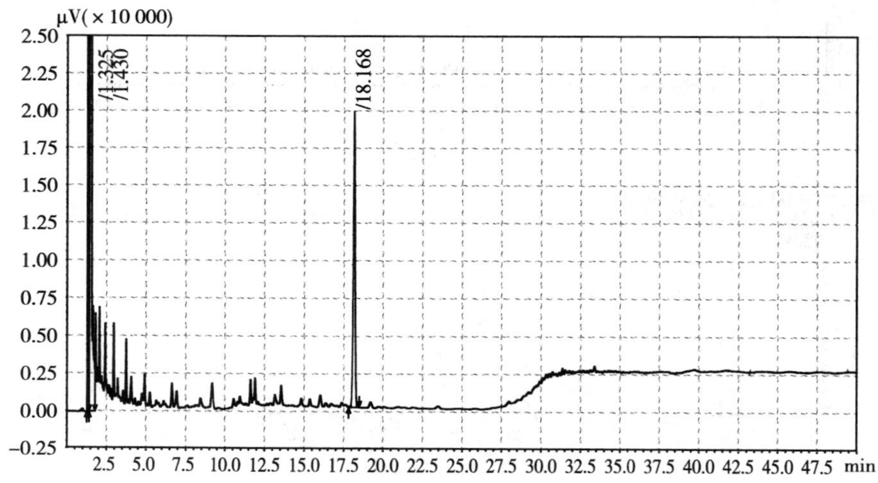

1.8%阿维菌素乳油中含毒死蜱气相色谱图

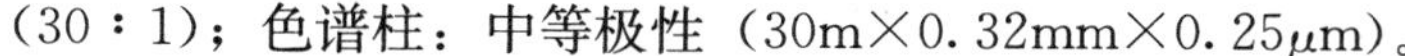

（30：1）；色谱柱：中等极性（30m×0.32mm×0.25μm）。

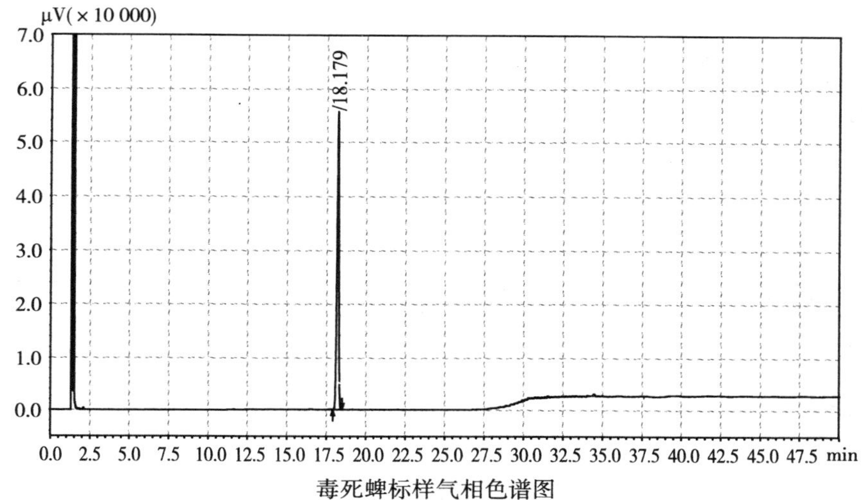

毒死蜱标样气相色谱图

气相色谱—质谱确证图

进样温度：220℃；柱温：80℃/1min（15℃/min）→220℃/1min（20℃/min）→270℃/5min；传输温度：240℃；离子源温度：240℃。

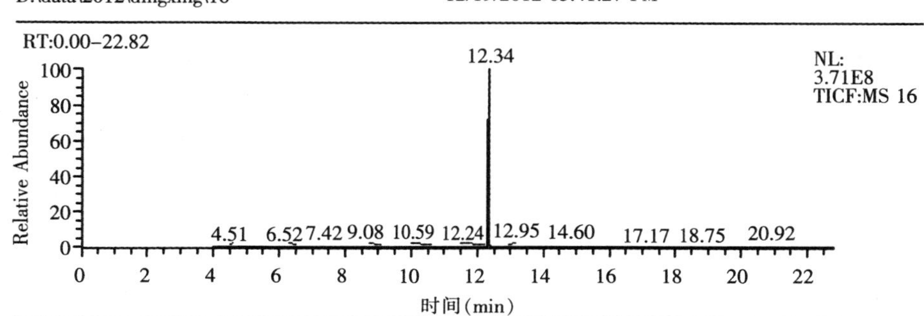

16#1 RT:4.00 AV:1 NL:6.53E4
T:+c SIM ms[96.50–97.50, 124.50–125.50, 196.50–197.50, 198.50–199.50, 257.50–258.50, 259.50–260.50, 313.50–314.50, 31...]

97.00　125.00　197.00　258.00　314.00

m/z

1.8%阿维菌素乳油中含毒死蜱质谱图

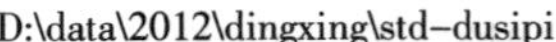

12/19/2012 03:12:21 PM

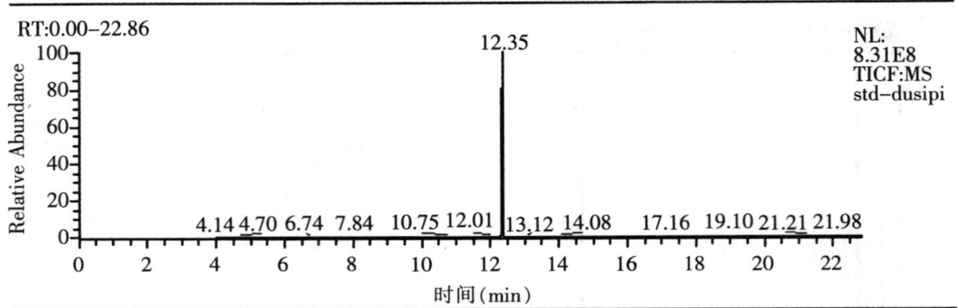

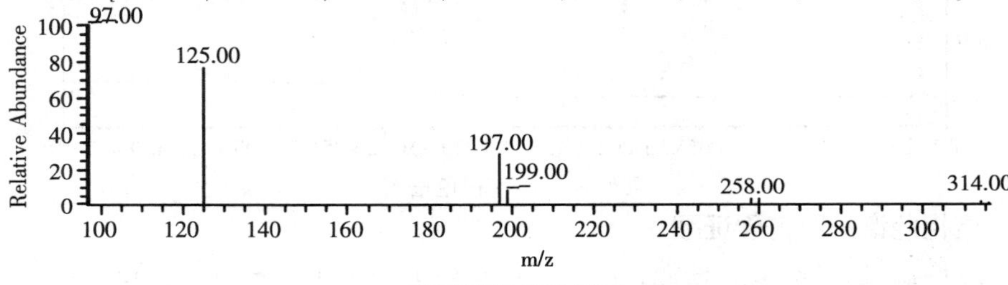

毒死蜱标样质谱图

案例 36　20％三唑磷乳油中含毒死蜱

气相筛选图

柱温：180℃/10min（20℃/min）→210℃/15min（20℃/min）→280℃/

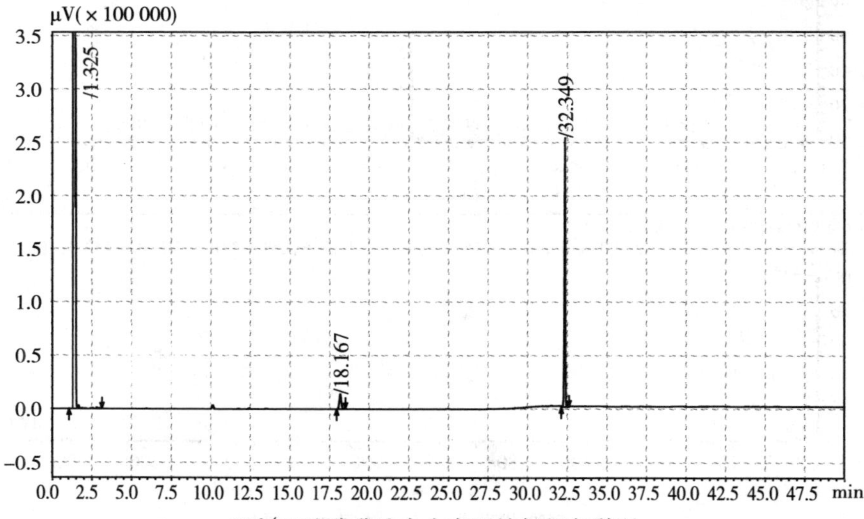

20％三唑磷乳油中含毒死蜱气相色谱图

15min；气化室温度：260℃；检测室温度：280℃；检测器（分流比）：FID（30∶1）；色谱柱：中等极性（30m×0.32mm×0.25μm）。

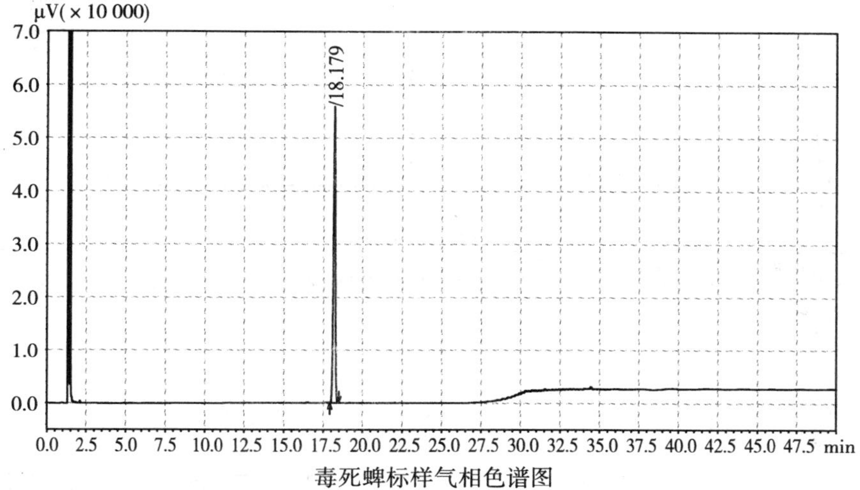

毒死蜱标样气相色谱图

气相色谱—质谱确证图

进样温度：220℃；柱温：80℃/1min（15℃/min）→220℃/1min（20℃/min）→270℃/5min；传输温度：240℃；离子源温度：240℃。

12/19/2012 09:15:15 AM

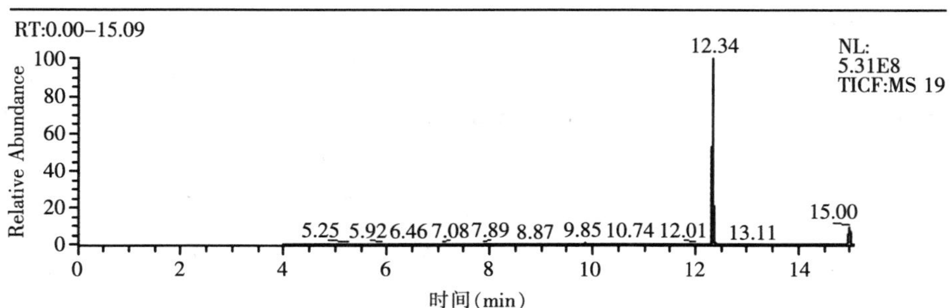

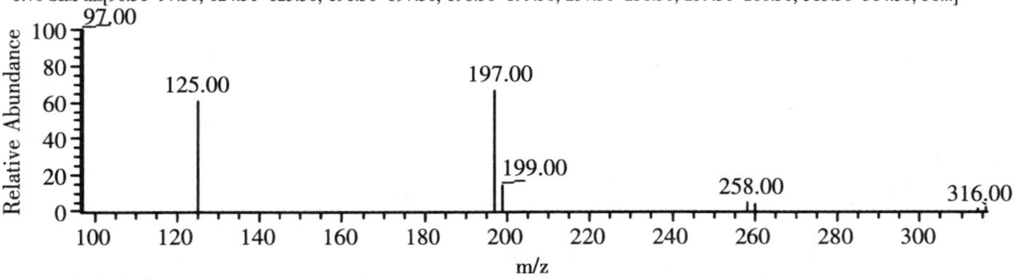

20%三唑磷乳油中含毒死蜱质谱图

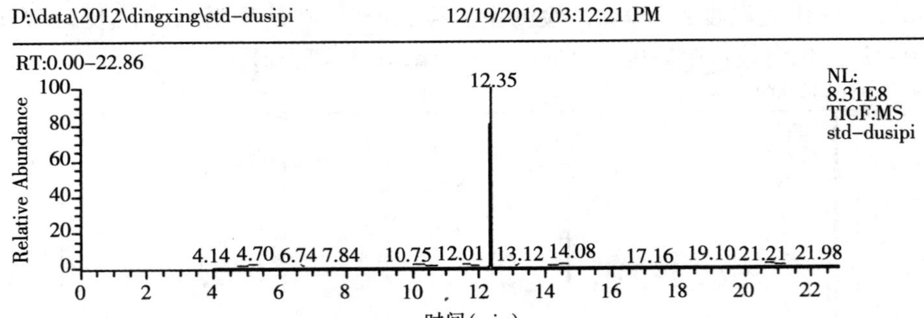

毒死蜱标样质谱图

案例 37　1.8%阿维·高氯乳油中含毒死蜱

气相筛选图

柱温：180℃/10min（20℃/min）→210℃/15min（20℃/min）→280℃/15min；气化室温度：260℃；检测室温度：280℃；检测器（分流比）：FID

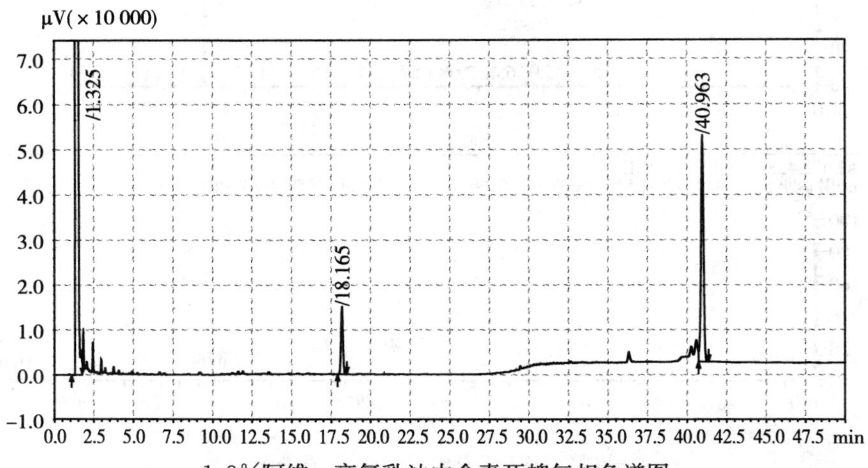

1.8%阿维·高氯乳油中含毒死蜱气相色谱图

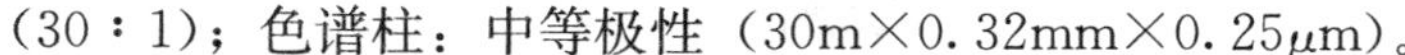
（30：1）；色谱柱：中等极性（30m×0.32mm×0.25μm）。

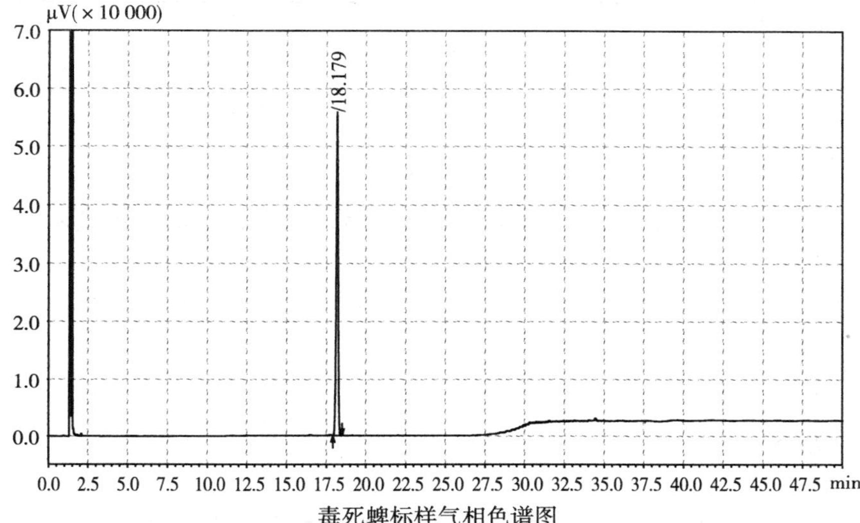

毒死蜱标样气相色谱图

气相色谱—质谱确证图

进样温度：220℃；柱温：80℃/1min（15℃/min）→220℃/1min（20℃/min）→270℃/5min；传输温度：240℃；离子源温度：240℃。

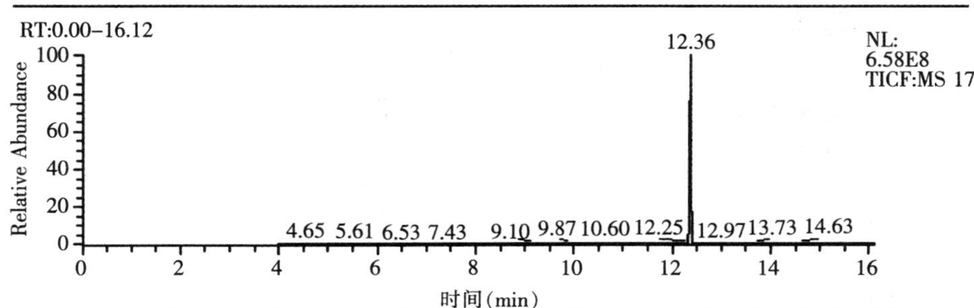

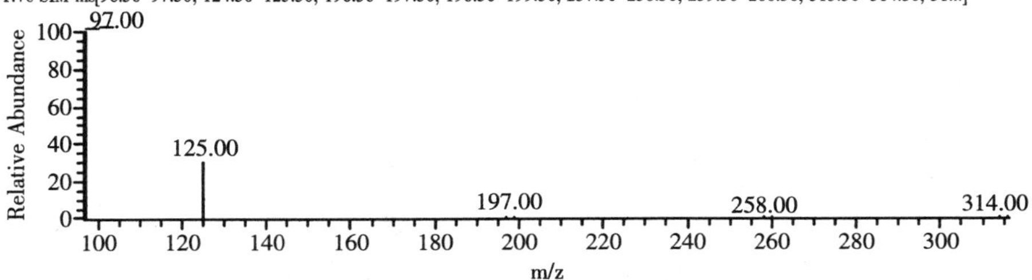

1.8%阿维·高氯乳油中含毒死蜱质谱图

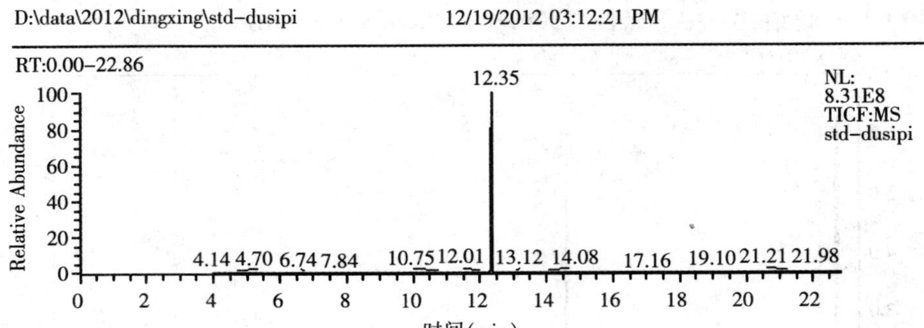

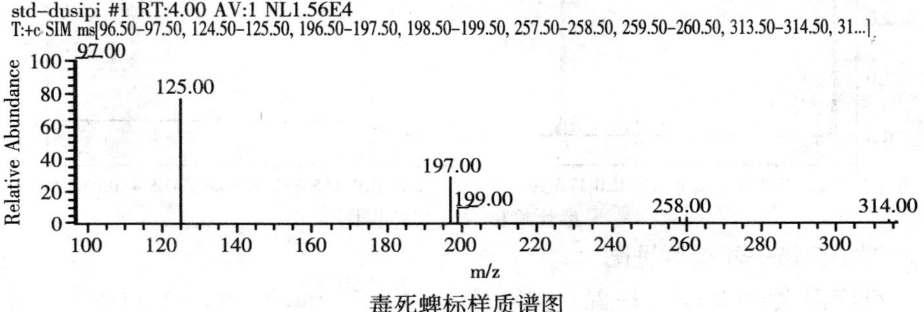

毒死蜱标样质谱图

案例 38　25g/L 联苯菊酯乳油中含啶虫脒

气相筛选图

柱温：180℃/10min（20℃/min）→210℃/15min（20℃/min）→280℃/15min；气化室温度：260℃；检测室温度：280℃；检测器（分流比）：FID

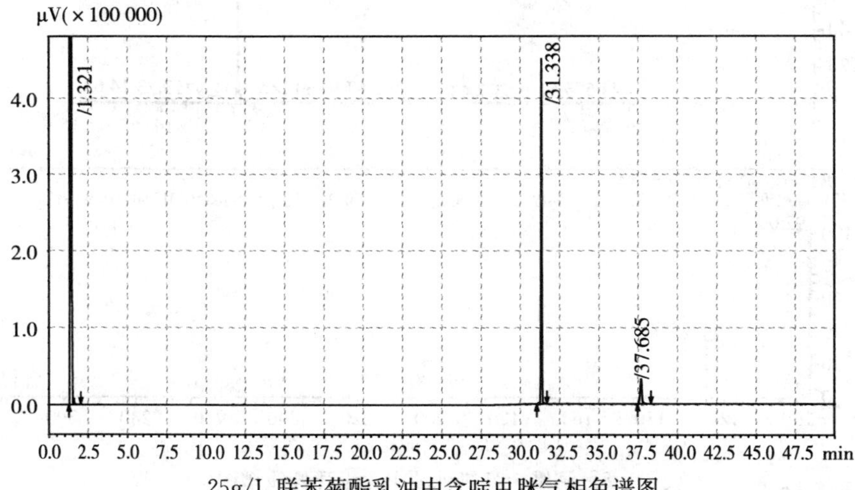

25g/L 联苯菊酯乳油中含啶虫脒气相色谱图

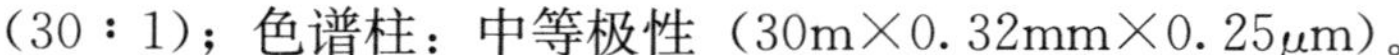

(30∶1)；色谱柱：中等极性（30m×0.32mm×0.25μm）。

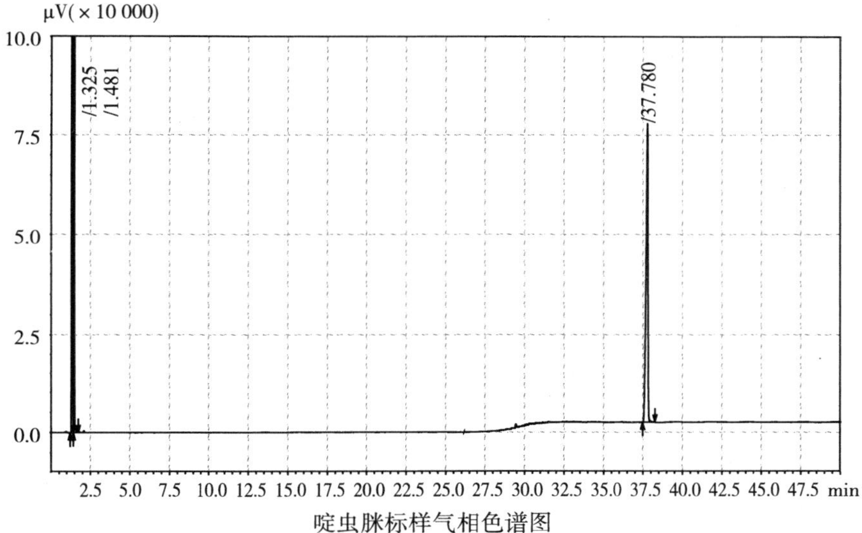

啶虫脒标样气相色谱图

液相色谱验证图

柱子：C18（250mm×4.6mm）；流动相：甲醇＋水（35＋65）；波长：254nm；流速：1.0mL/min。

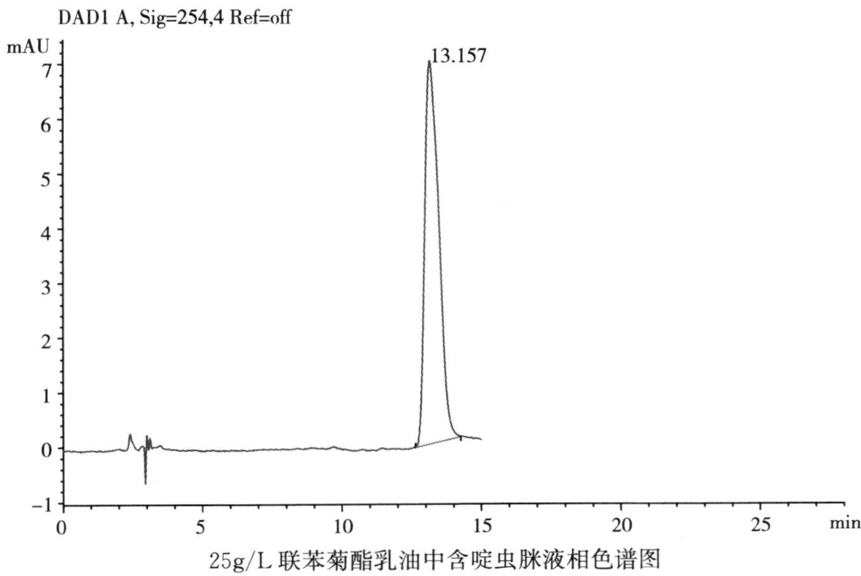

25g/L联苯菊酯乳油中含啶虫脒液相色谱图

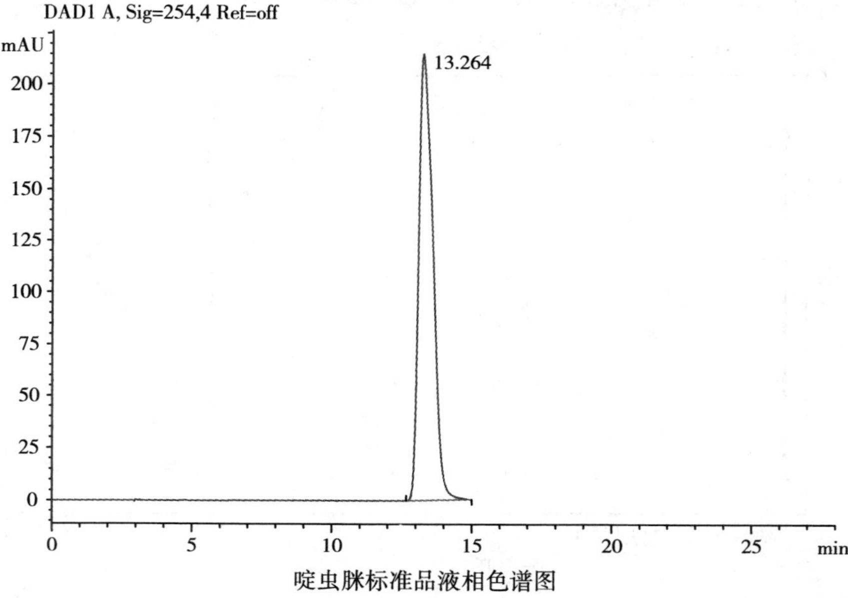

啶虫脒标准品液相色谱图

紫外吸收验证图

二极管阵列检测器，溶剂：甲醇，色谱纯。

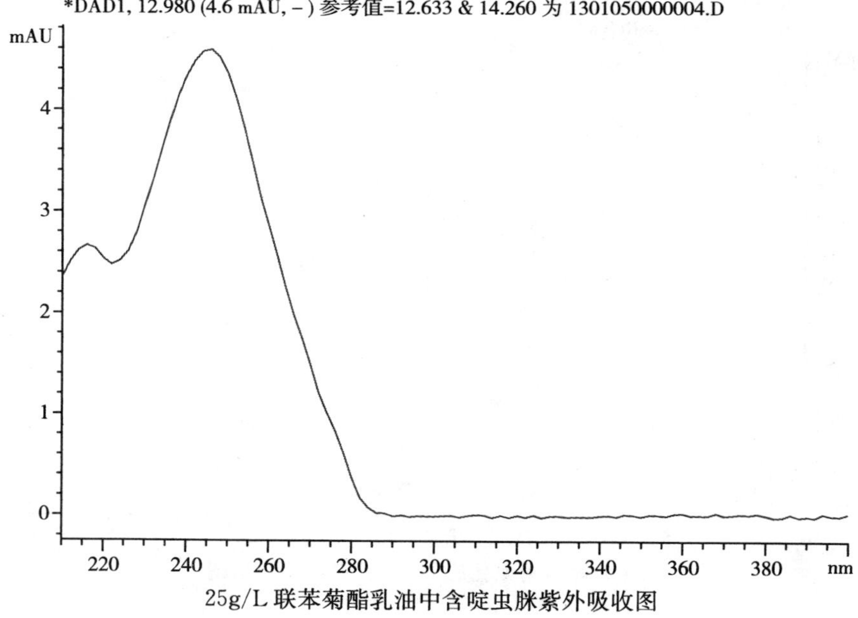

25g/L 联苯菊酯乳油中含啶虫脒紫外吸收图

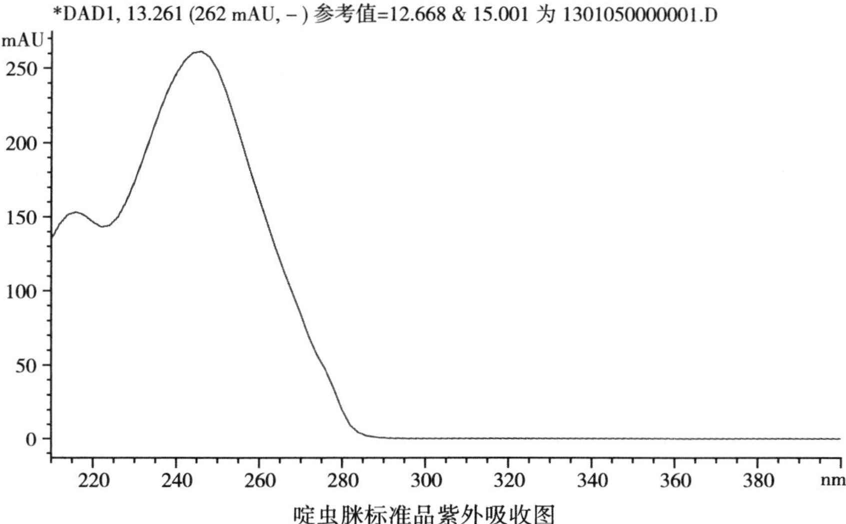

啶虫脒标准品紫外吸收图

案例 39　15%阿维·毒死蜱乳油中含啶虫脒

气相筛选图

柱温：180℃/10min（20℃/min）→210℃/15min（20℃/min）→280℃/15min；气化室温度：260℃；检测室温度：280℃；检测器（分流比）：FID（30∶1）；色谱柱：中等极性（30m×0.32mm×0.25μm）。

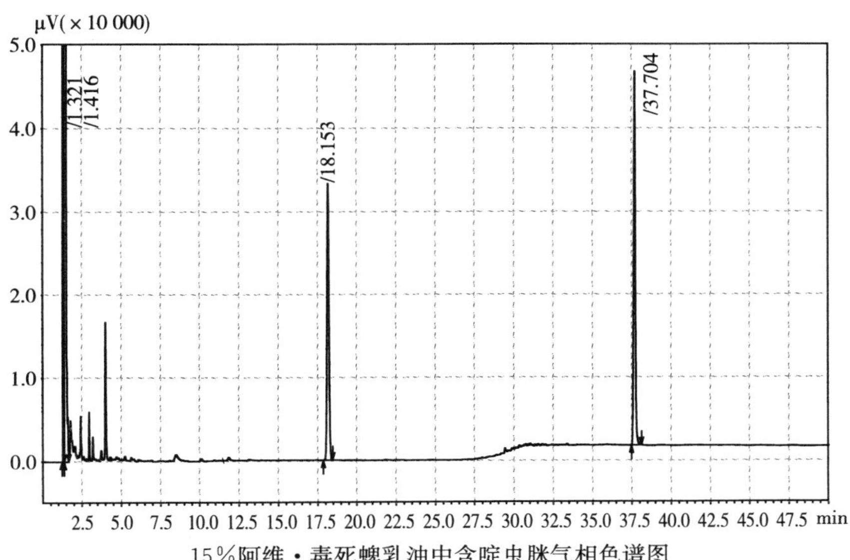

15%阿维·毒死蜱乳油中含啶虫脒气相色谱图

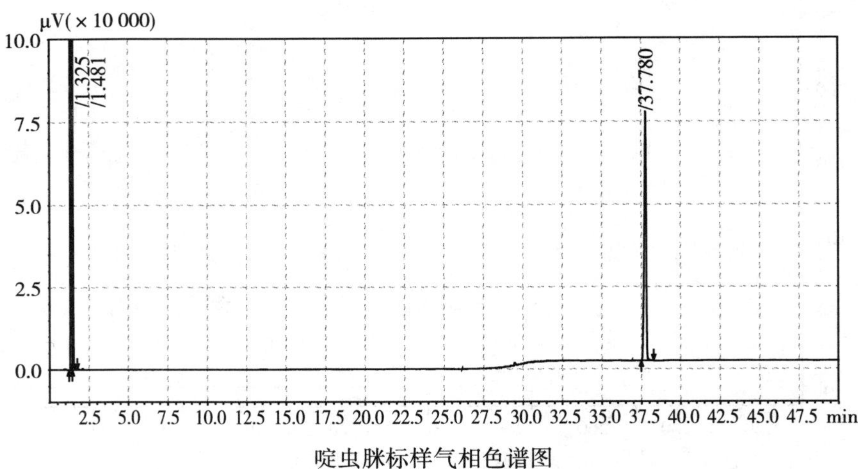

啶虫脒标样气相色谱图

液相色谱验证图

柱子：C18（250mm×4.6mm）；流动相：甲醇＋水（35＋65）；波长：254nm；流速：1.0mL/min。

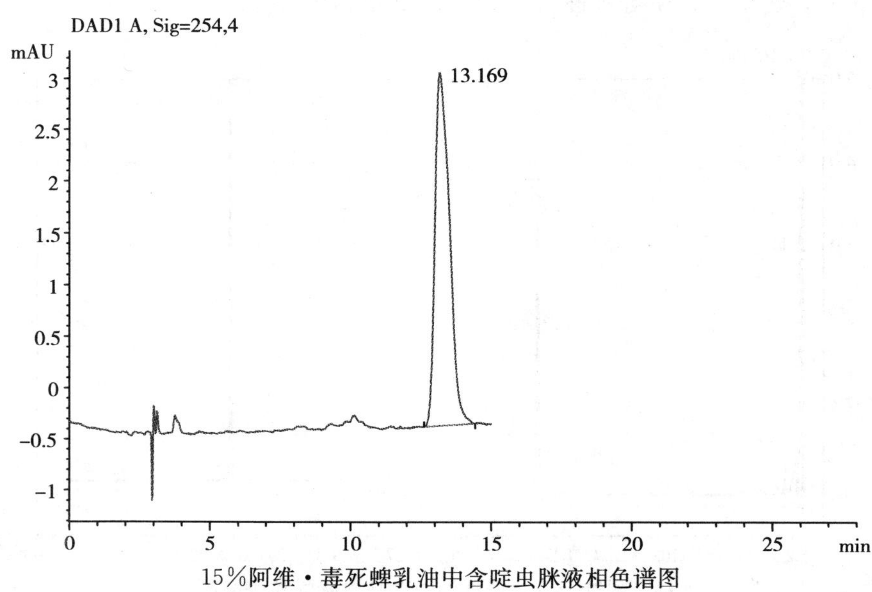

15％阿维·毒死蜱乳油中含啶虫脒液相色谱图

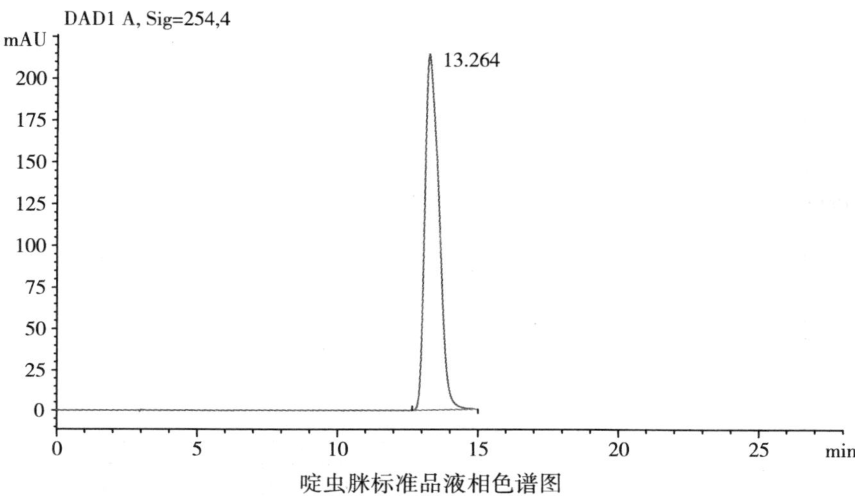

啶虫脒标准品液相色谱图

紫外吸收验证图

二极管阵列检测器，溶剂：甲醇，色谱纯。

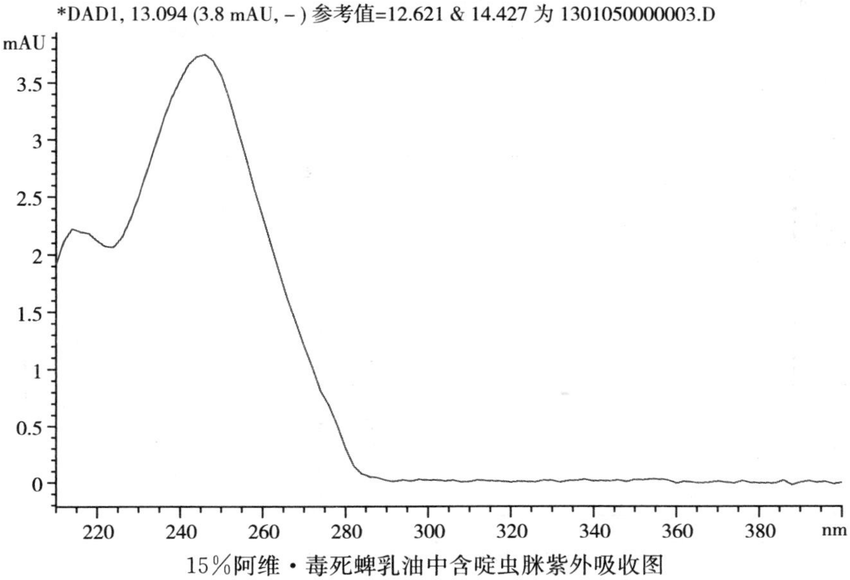

15%阿维·毒死蜱乳油中含啶虫脒紫外吸收图

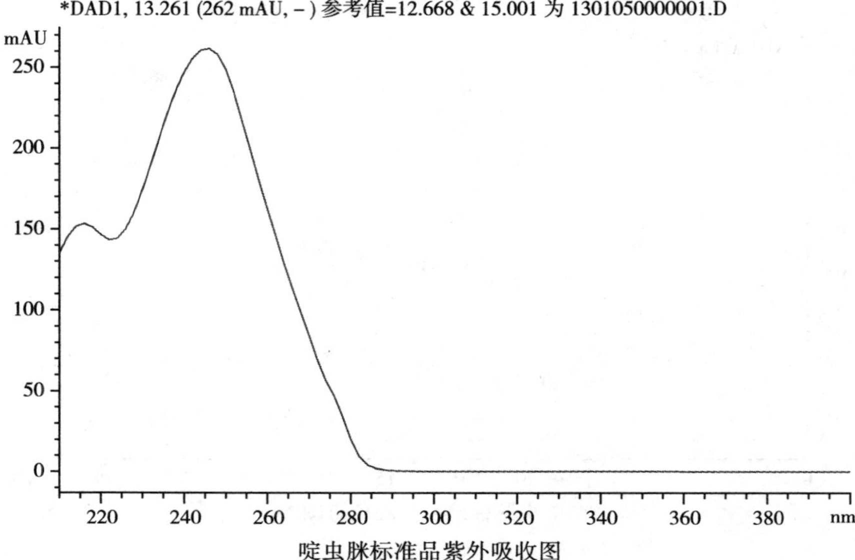

啶虫脒标准品紫外吸收图

案例 40　25g/L 联苯菊酯乳油中含噻嗪酮

气相筛选图

柱温：180℃/10min（20℃/min）→210℃/15min（20℃/min）→280℃/15min；气化室温度：260℃；检测室温度：280℃；检测器（分流比）：FID（30∶1）；色谱柱：中等极性（30m×0.32mm×0.25μm）。

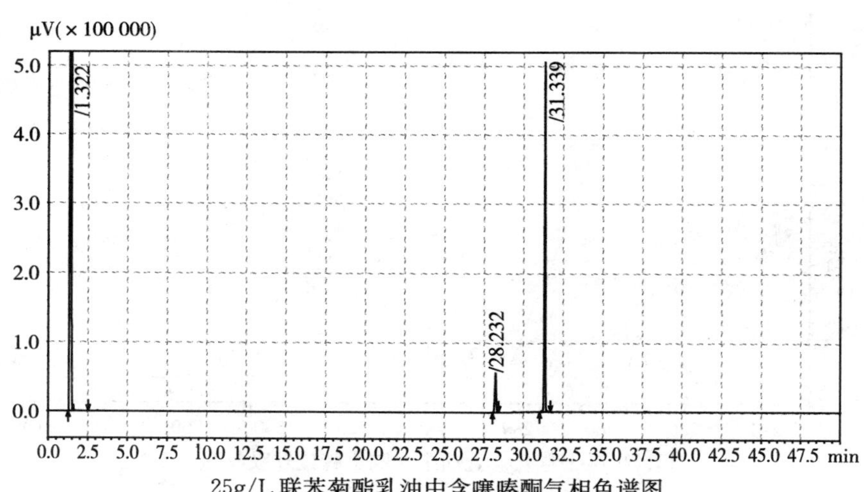

25g/L 联苯菊酯乳油中含噻嗪酮气相色谱图

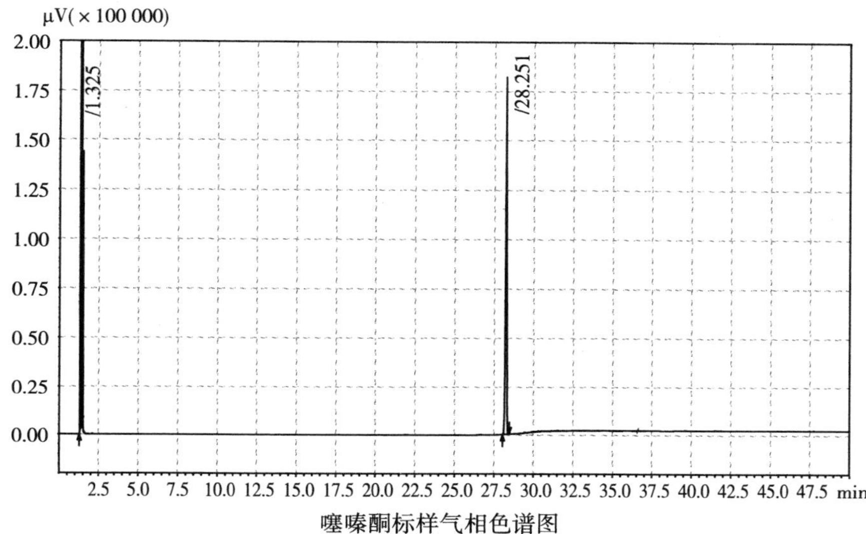

噻嗪酮标样气相色谱图

液相色谱验证图

柱子：C18（150mm×4.6mm)；流动相：甲醇＋水（80＋20)；波长：230nm；流速：1.0mL/min。

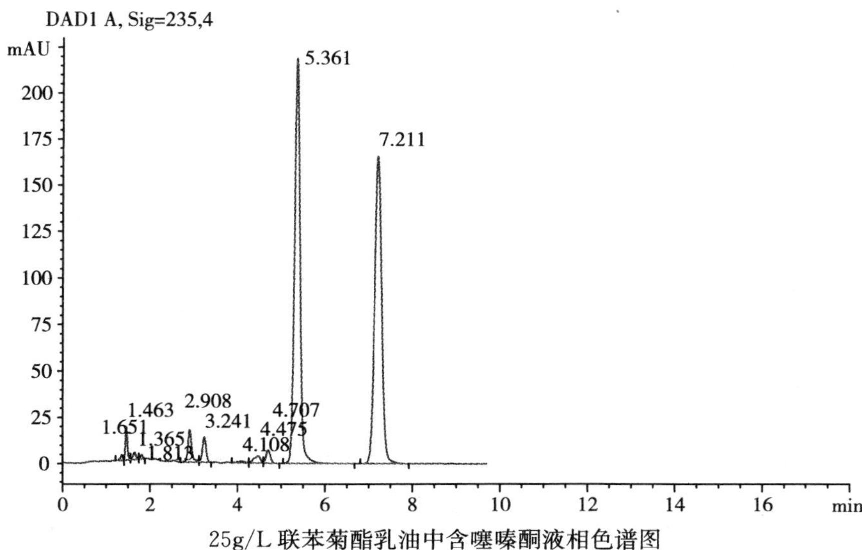

25g/L 联苯菊酯乳油中含噻嗪酮液相色谱图

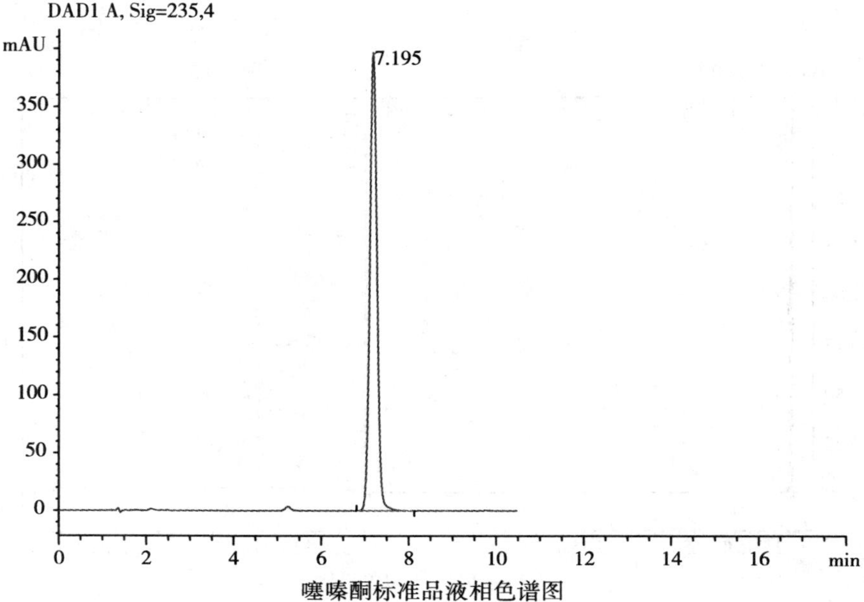

噻嗪酮标准品液相色谱图

案例41　25%唑磷·毒死蜱乳油中含噻嗪酮

气相筛选图

柱温：180℃/10min（20℃/min）→210℃/15min（20℃/min）→280℃/15min；气化室温度：260℃；检测室温度：280℃；检测器（分流比）：FID

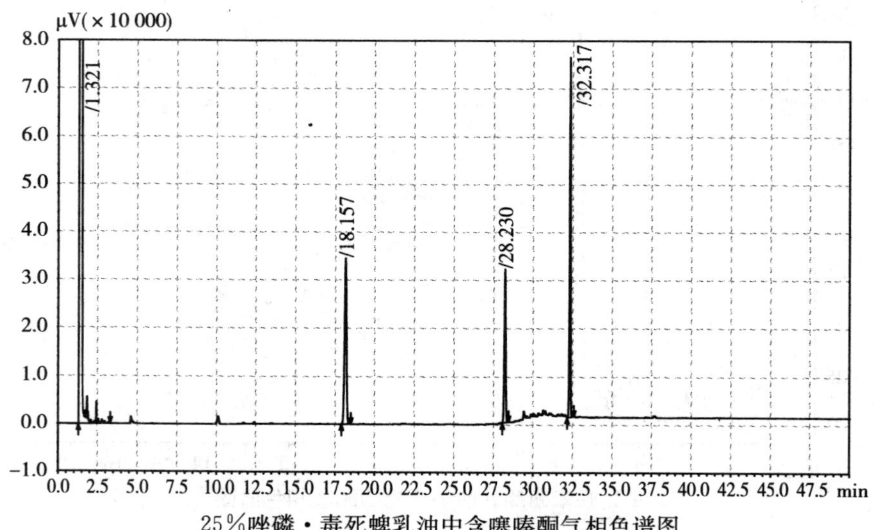

25%唑磷·毒死蜱乳油中含噻嗪酮气相色谱图

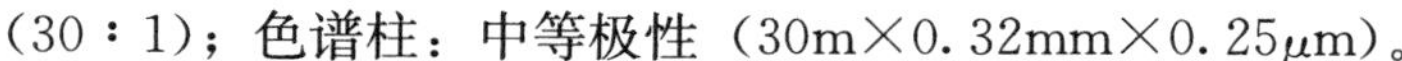
（30：1）；色谱柱：中等极性（30m×0.32mm×0.25μm）。

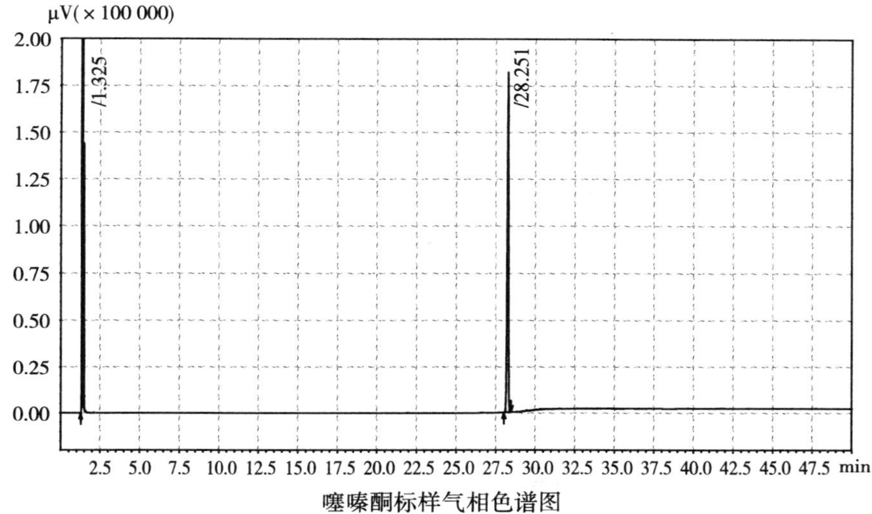

噻嗪酮标样气相色谱图

液相色谱验证图

柱子：C18（250mm×4.6mm）；流动相：甲醇＋水（80＋20）；波长：230nm；流速：1.0mL/min。

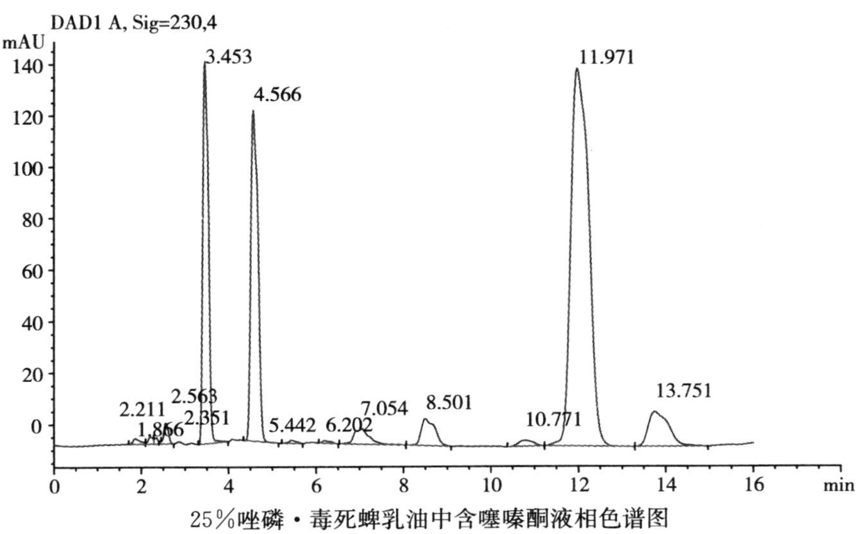

25%唑磷·毒死蜱乳油中含噻嗪酮液相色谱图

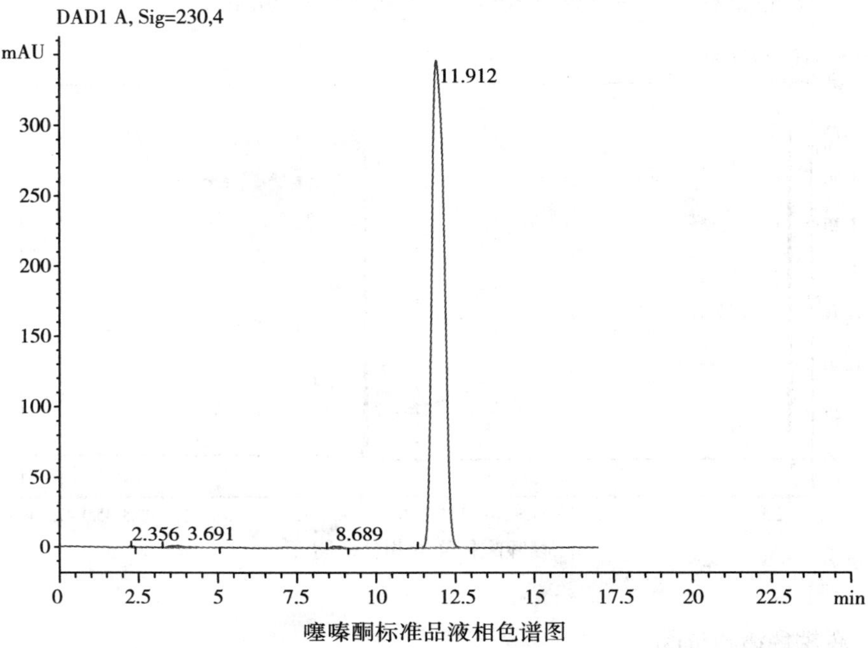

噻嗪酮标准品液相色谱图

紫外吸收验证图

二极管阵列检测器，溶剂：甲醇，色谱纯。

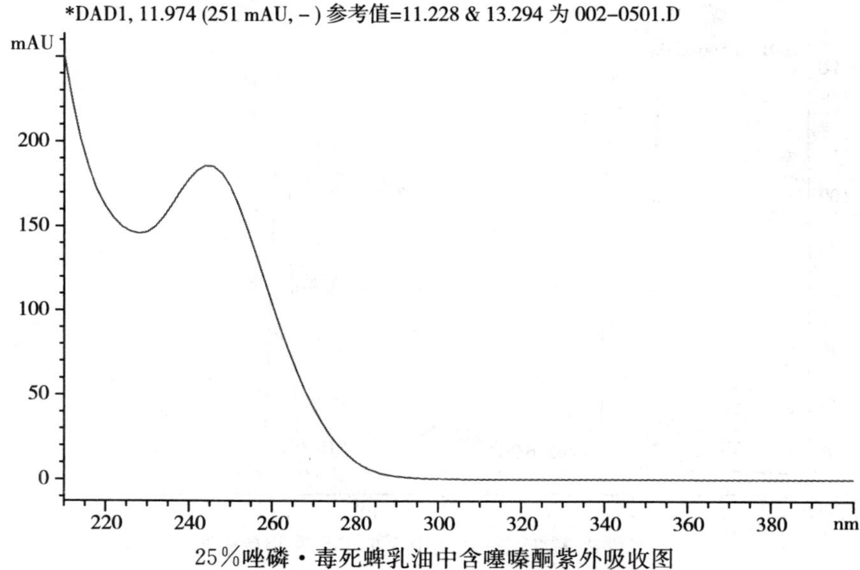

25%唑磷·毒死蜱乳油中含噻嗪酮紫外吸收图

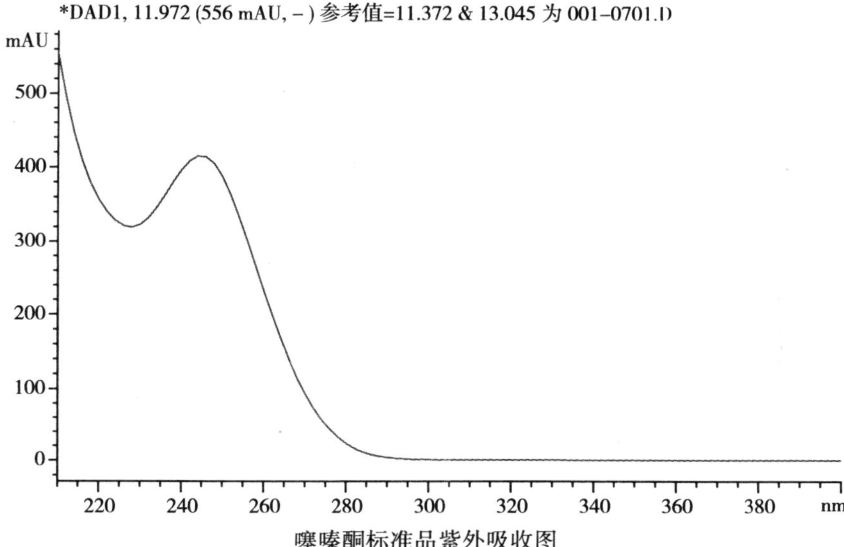

噻嗪酮标准品紫外吸收图

案例 42　25%噻嗪·异丙威可湿性粉剂中含吡蚜酮

气相筛选图

柱温：180℃/10min（20℃/min）→210℃/15min（20℃/min）→280℃/15min；气化室温度：260℃；检测室温度：280℃；检测器（分流比）：FID（30∶1）；色谱柱：中等极性（30m×0.32mm×0.25μm）。

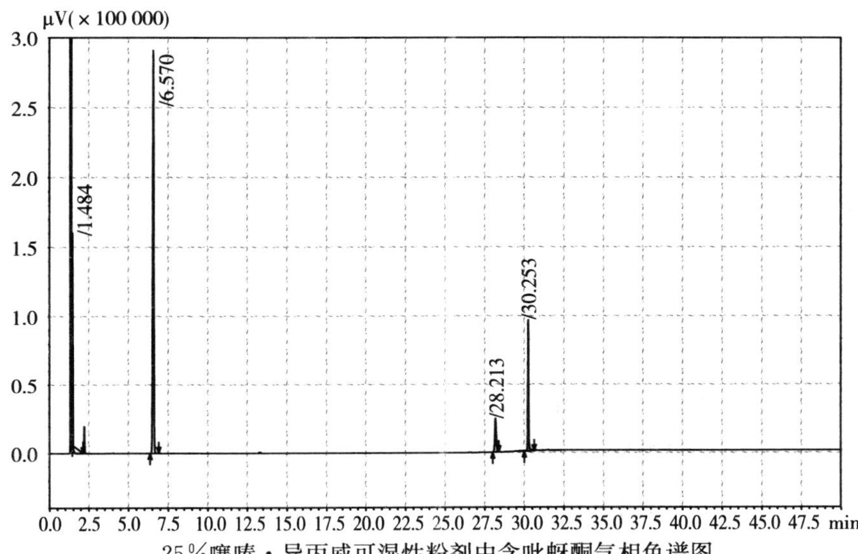

25%噻嗪·异丙威可湿性粉剂中含吡蚜酮气相色谱图

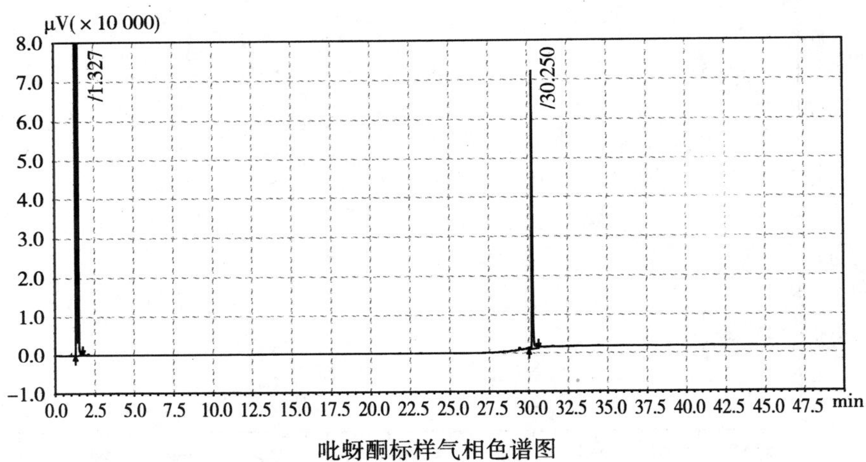

吡蚜酮标样气相色谱图

液相色谱验证图

柱子：C18（250mm×4.6mm）；流动相：乙腈＋水（8＋92）（0.1％磷酸）；波长：350nm；流速：1.0mL/min。

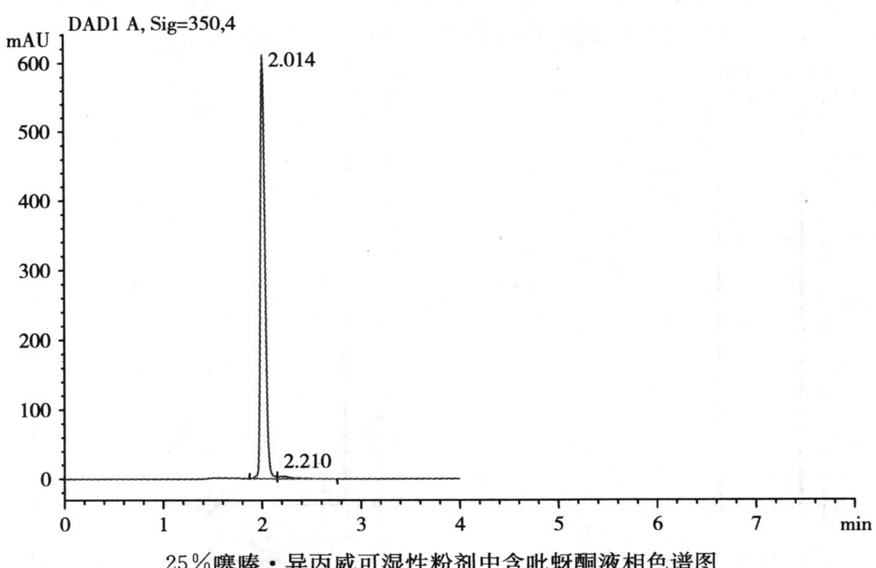

25％噻嗪・异丙威可湿性粉剂中含吡蚜酮液相色谱图

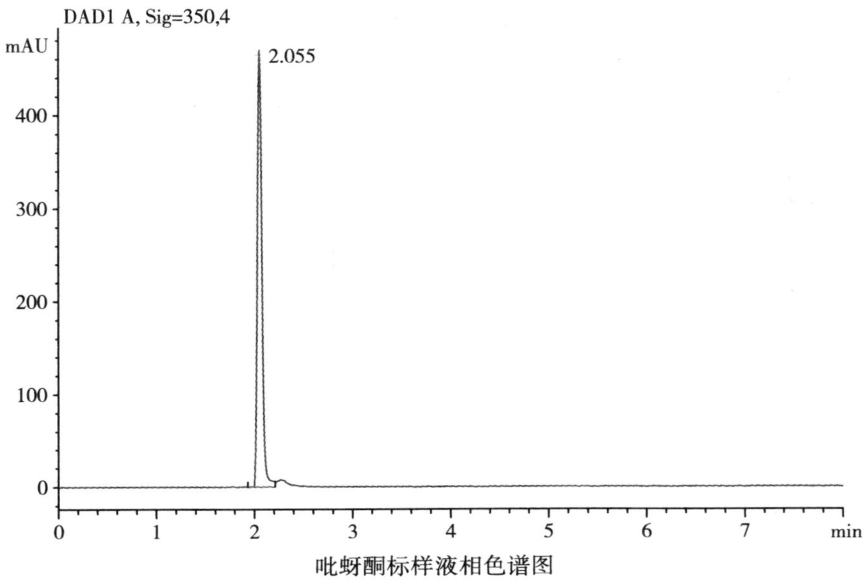

吡蚜酮标样液相色谱图

案例43　70%甲基硫菌灵可湿性粉剂中含吡蚜酮

气相筛选图

柱温：180℃/10min（20℃/min）→210℃/15min（20℃/min）→280℃/15min；气化室温度：260℃；检测室温度：280℃；检测器（分流比）：FID（30∶1）；色谱柱：中等极性（30m×0.32mm×0.25μm）。

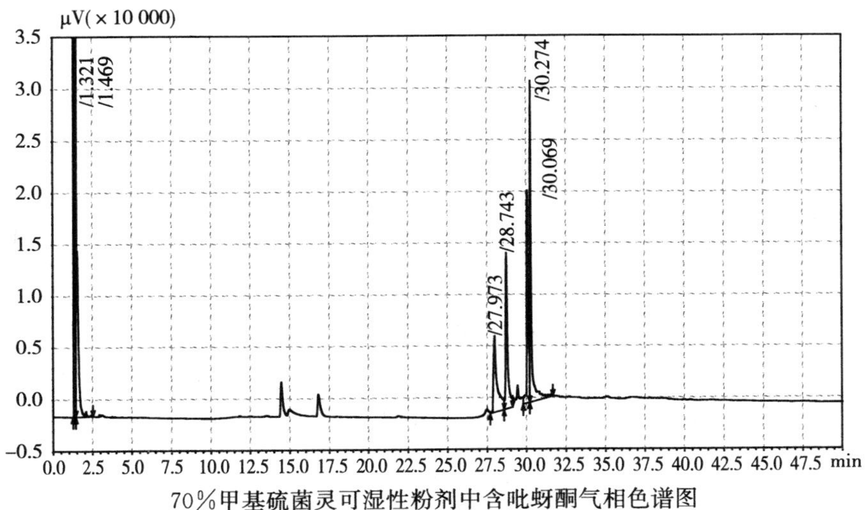

70%甲基硫菌灵可湿性粉剂中含吡蚜酮气相色谱图

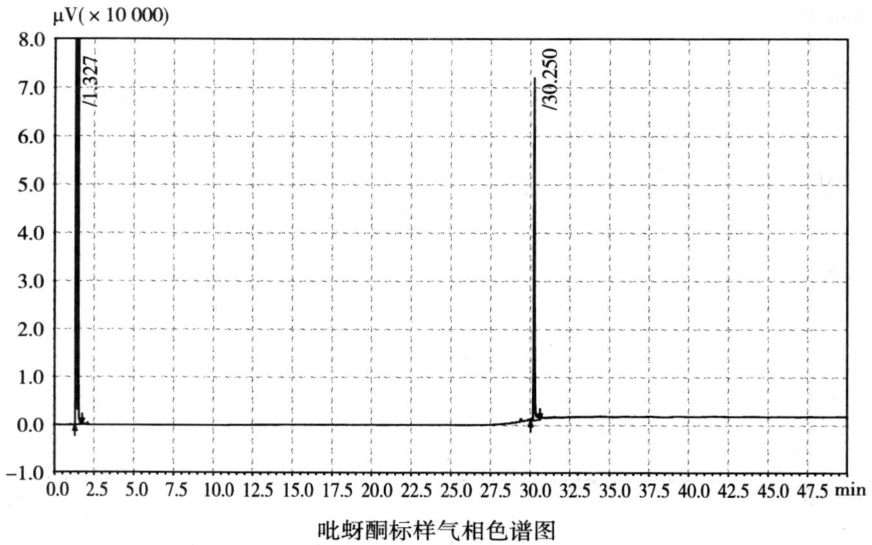

吡蚜酮标样气相色谱图

液相色谱验证图

柱子：C18（250mm×4.6mm）；流动相：乙腈＋水（8＋92）（0.1％磷酸）；波长：350nm；流速：0.8mL/min。

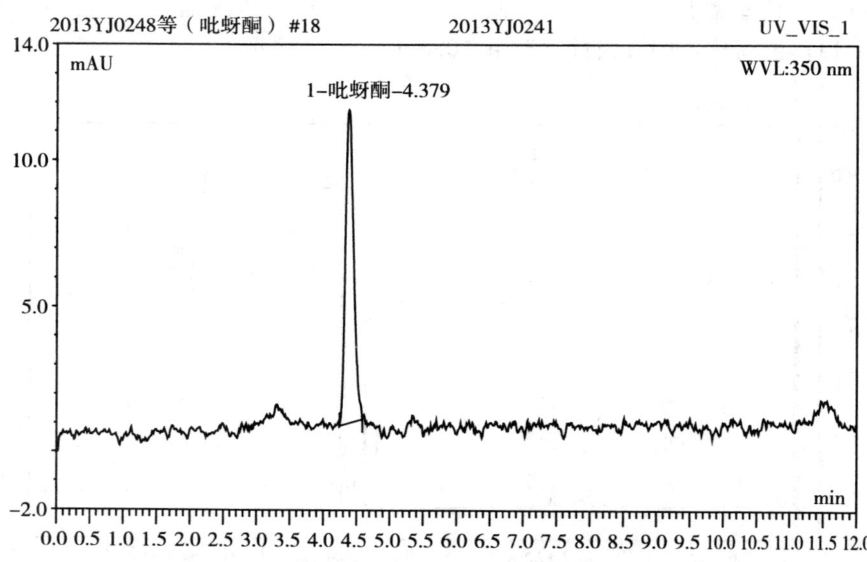

70％甲基硫菌灵可湿性粉剂中含吡蚜酮液相色谱图

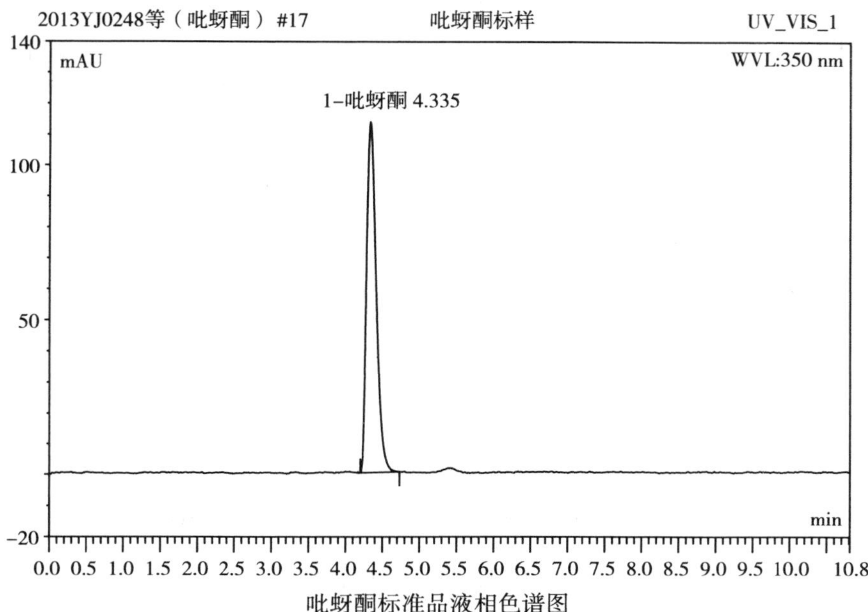

吡蚜酮标准品液相色谱图

紫外吸收验证图

二极管阵列检测器，溶剂：甲醇，色谱纯。

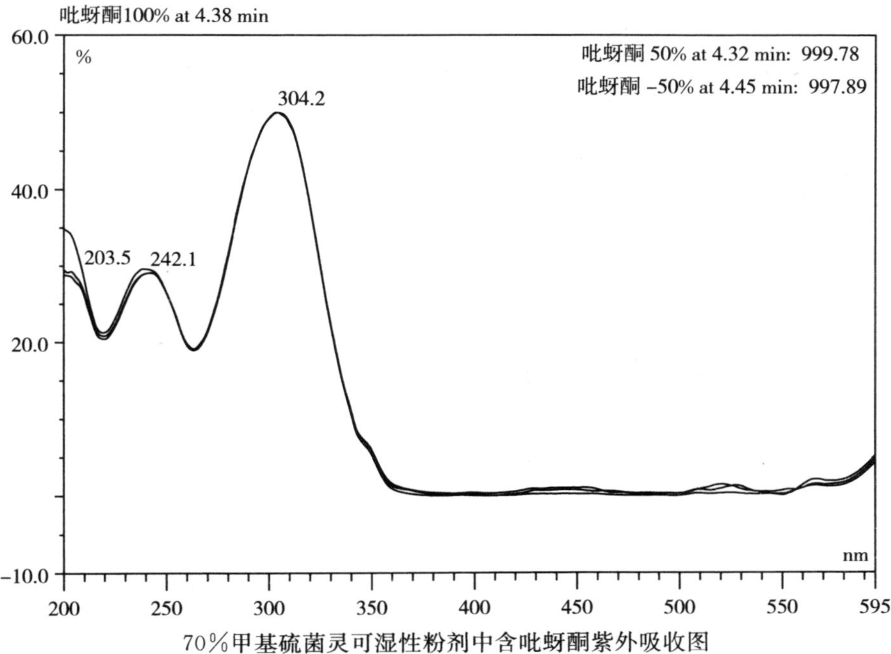

70%甲基硫菌灵可湿性粉剂中含吡蚜酮紫外吸收图

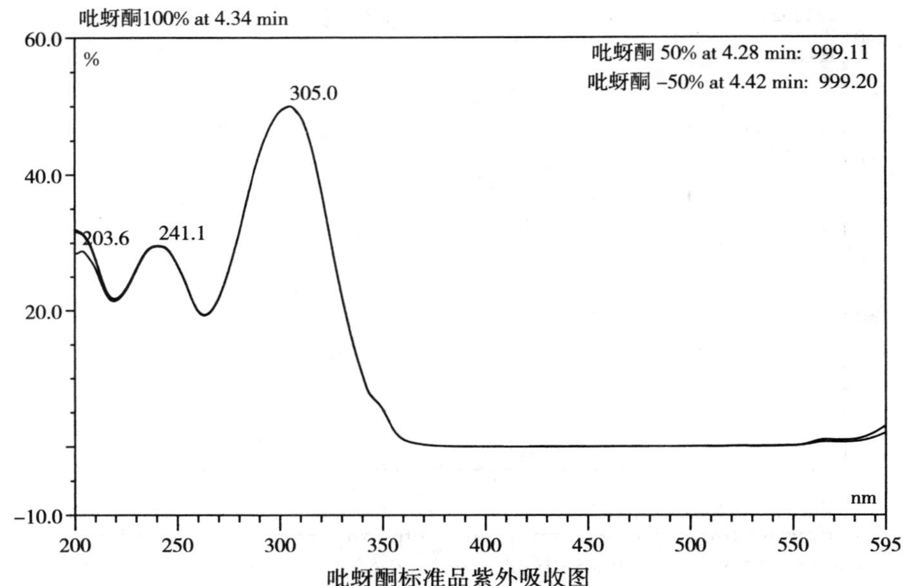

吡蚜酮标准品紫外吸收图

案例 44　5%啶虫脒乳油中含马拉硫磷

气相筛选图

柱温：180℃/10min（20℃/min）→210℃/15min（20℃/min）→280℃/15min；气化室温度：260℃；检测室温度：280℃；检测器（分流比）：FID（30∶1）；色谱柱：中等极性（30m×0.32mm×0.25μm）。

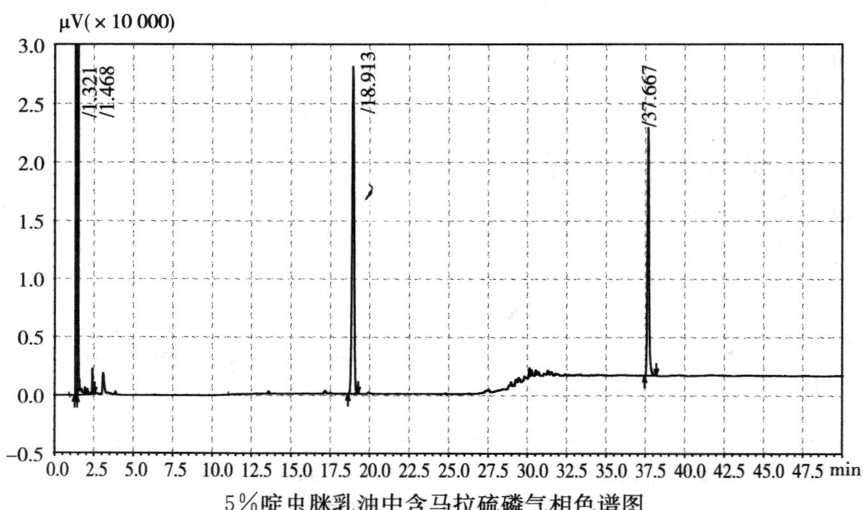

5%啶虫脒乳油中含马拉硫磷气相色谱图

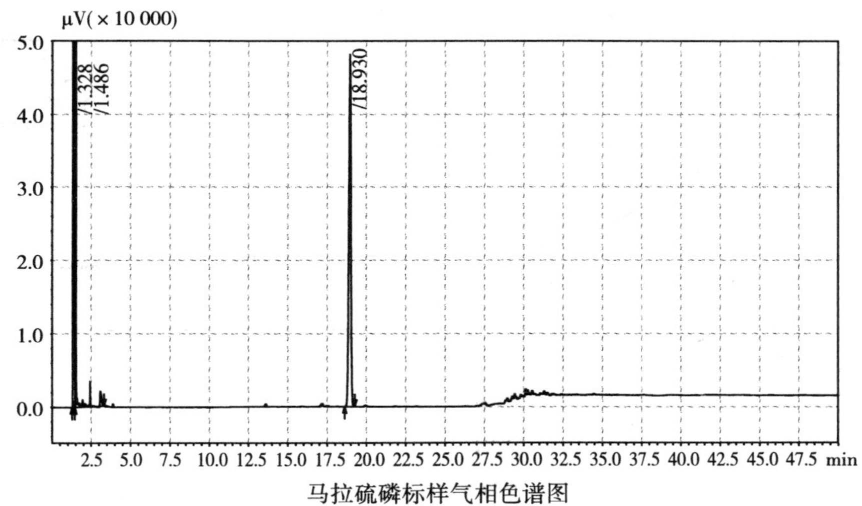

马拉硫磷标样气相色谱图

气相色谱—质谱确证图

进样温度：220℃；柱温：80℃/1min（15℃/min）→220℃/1min（20℃/min）→270℃/10min；传输温度：250℃；离子源温度：250℃。

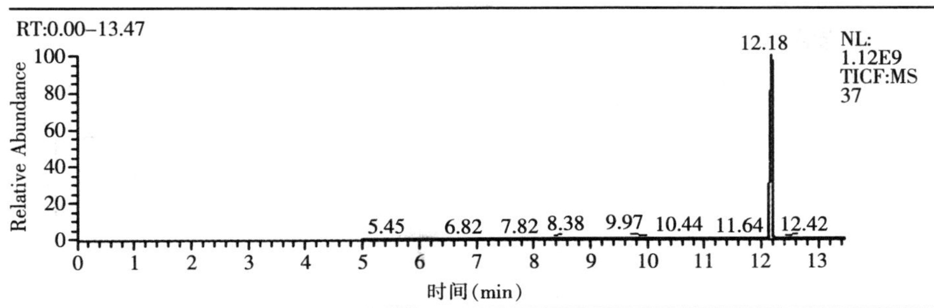

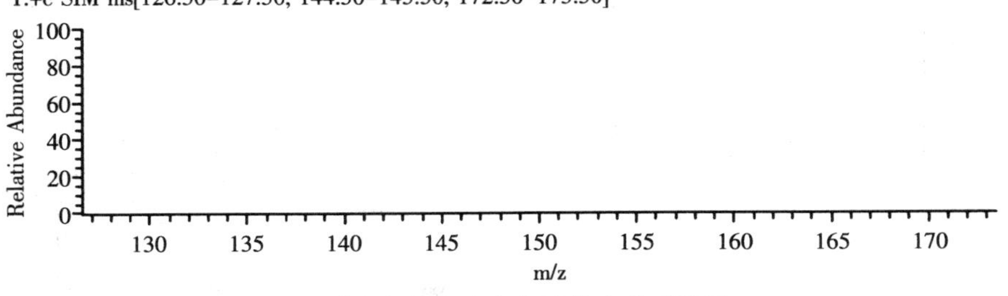

5%啶虫脒乳油中含马拉硫磷质谱图

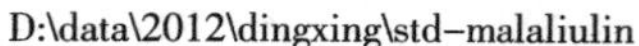

12/21/2012 10:04:22 AM

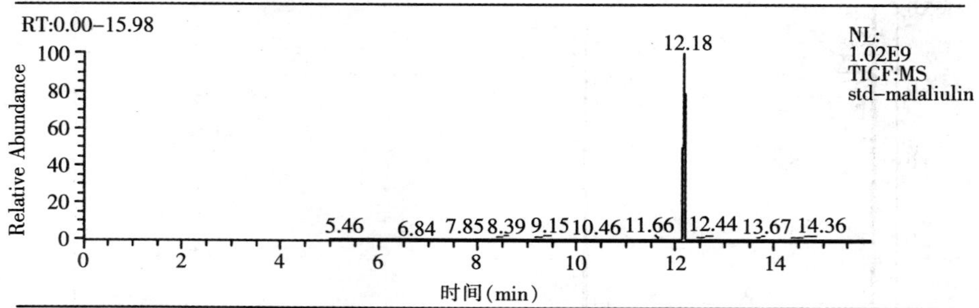

马拉硫磷标样质谱图

案例 45　6.5%氯氰·啶虫脒乳油中含马拉硫磷

气相筛选图

柱温：180℃/10min（20℃/min）→210℃/15min（20℃/min）→280℃/

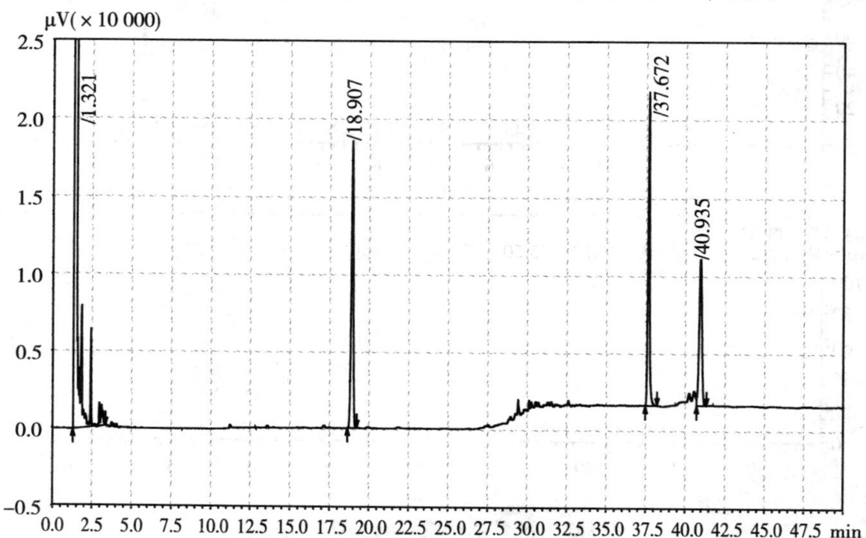

6.5%氯氰·啶虫脒乳油中含马拉硫磷气相色谱图

15min；气化室温度：260℃；检测室温度：280℃；检测器（分流比）：FID（30∶1）；色谱柱：中等极性（30m×0.32mm×0.25μm）。

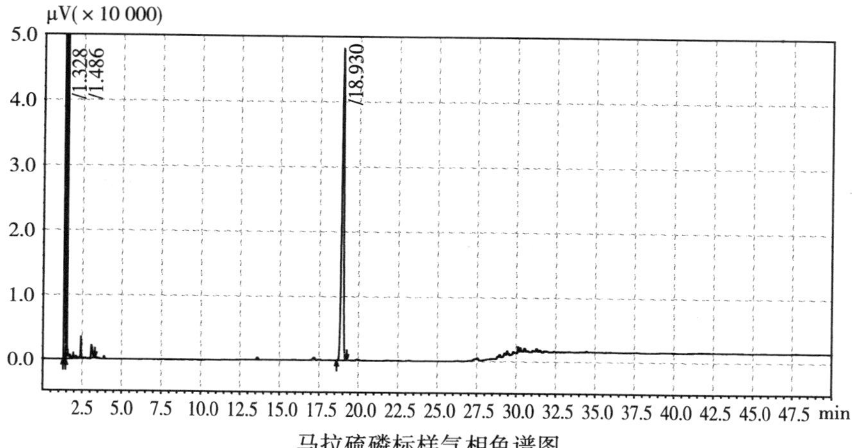

马拉硫磷标样气相色谱图

气相色谱—质谱确证图

进样温度：220℃；柱温：80℃/1min（15℃/min）→220℃/1min（20℃/min）→270℃/10min；传输温度：250℃；离子源温度：250℃。

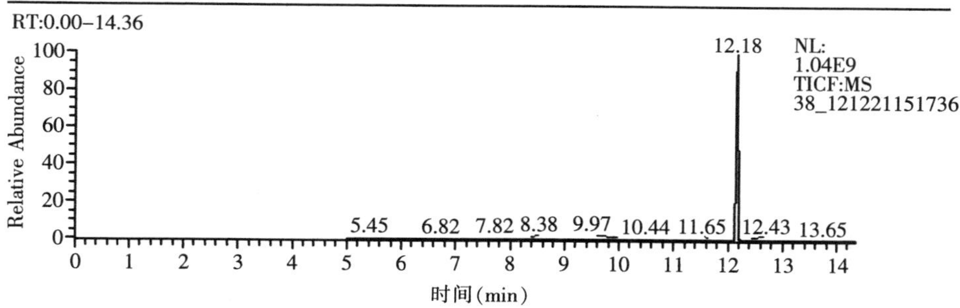

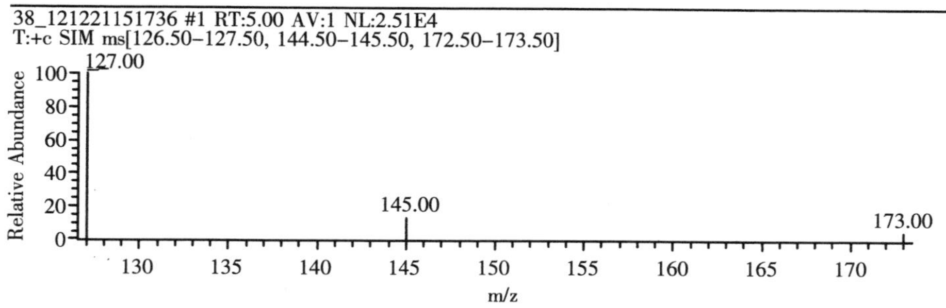

6.5%氯氰·啶虫脒乳油中含马拉硫磷质谱图

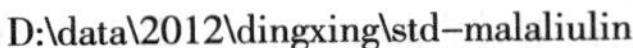

12/21/2012 10:04:22 AM

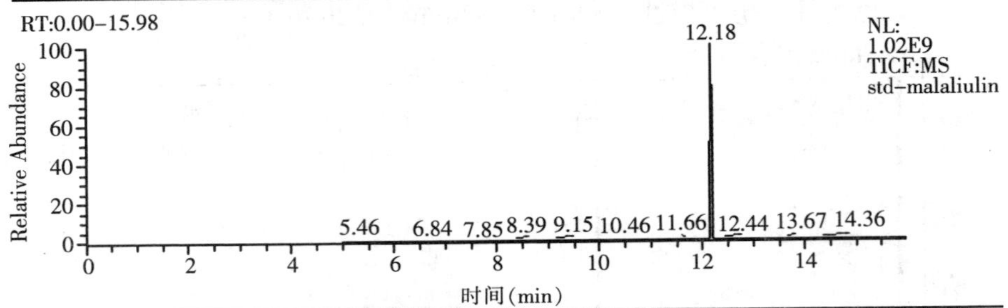

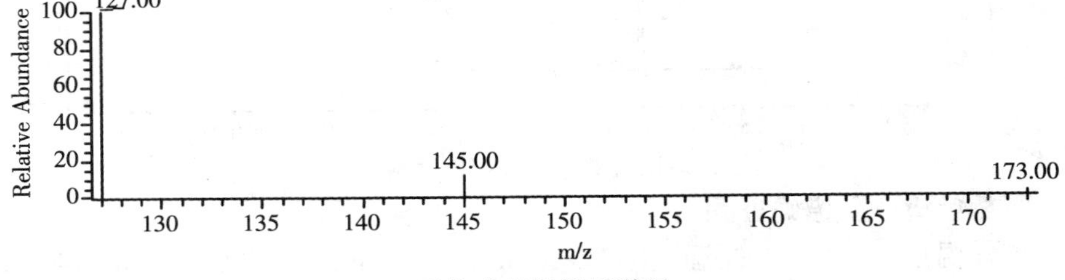

马拉硫磷标样质谱图

案例 46　25g/L 氯氟·啶虫脒乳油中含马拉硫磷

气相筛选图

柱温：180℃/10min（20℃/min）→210℃/15min（20℃/min）→280℃/15min；气化室温度：260℃；检测室温度：280℃；检测器（分流比）：FID

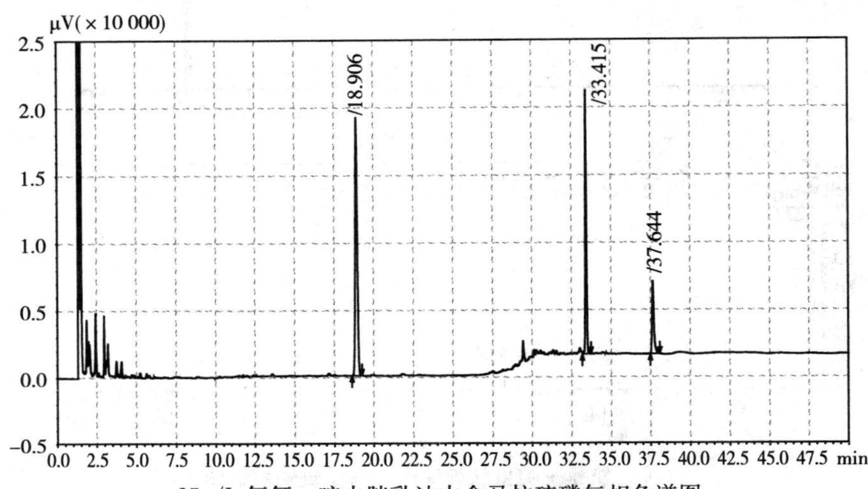

25g/L 氯氟·啶虫脒乳油中含马拉硫磷气相色谱图

（30：1）；色谱柱：中等极性（30m×0.32mm×0.25μm）。

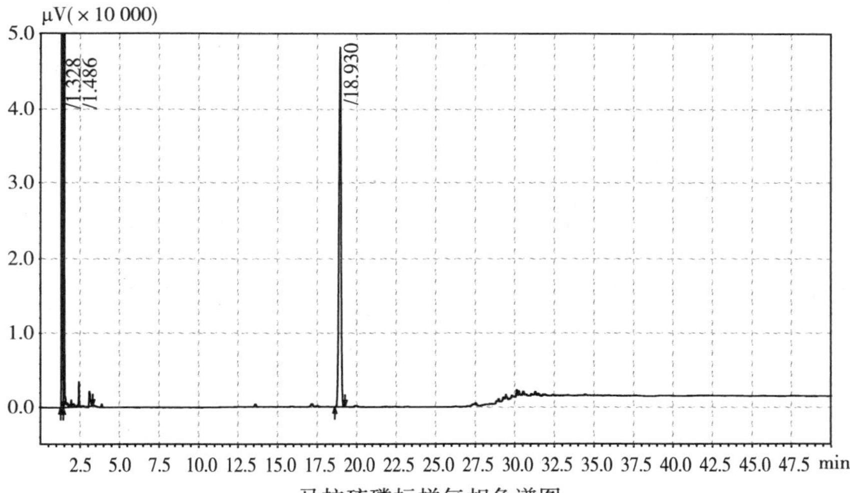

马拉硫磷标样气相色谱图

气相色谱—质谱确证图

进样温度：220℃；柱温：80℃/1min（15℃/min）→220℃/1min（20℃/min）→270℃/10min；传输温度：250℃；离子源温度：250℃。

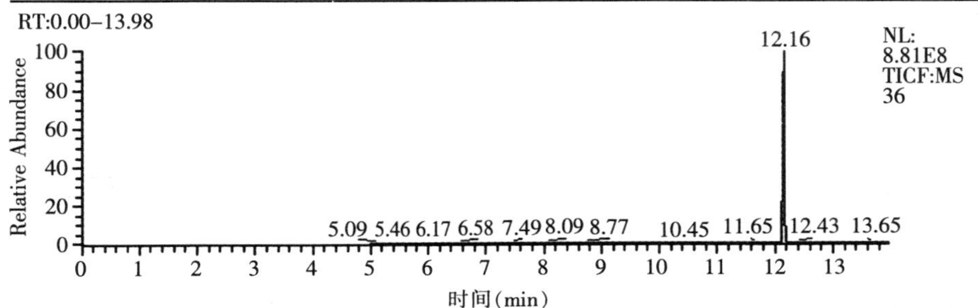

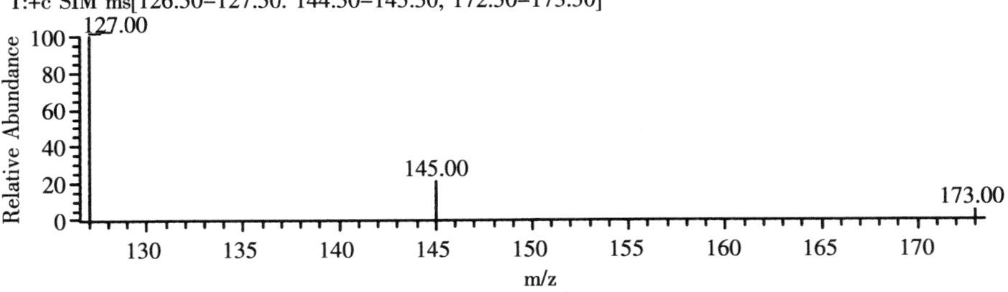

25g/L 氯氟·啶虫脒乳油中含马拉硫磷质谱图

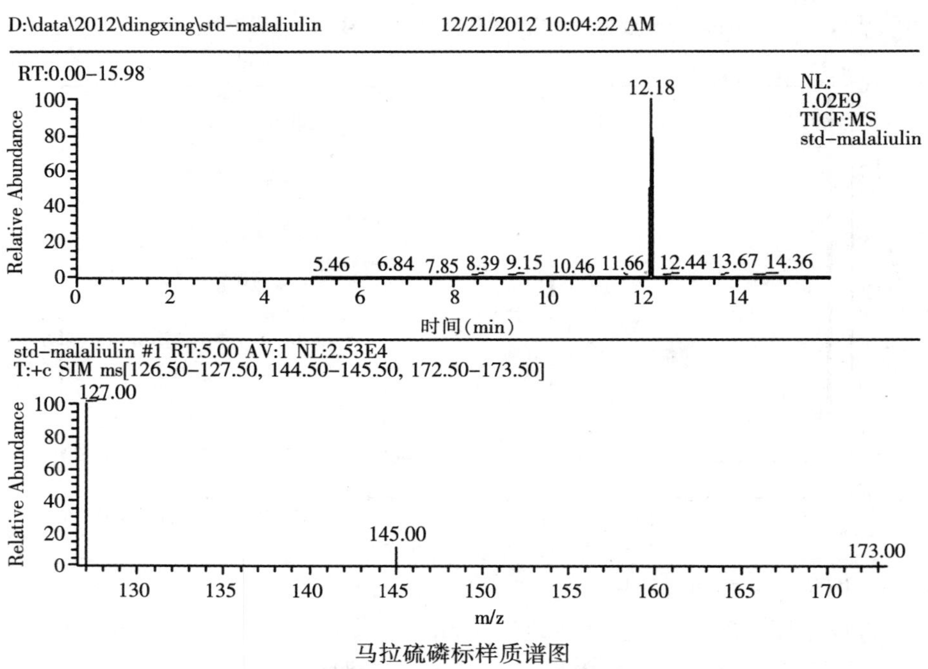

马拉硫磷标样质谱图

案例 47 0.3%印楝素乳油中含吡虫啉

液相色谱图

柱子：C18（250mm×4.6mm）；流动相：甲醇＋水（40＋60）；波长：260nm；流速：1.0mL/min。

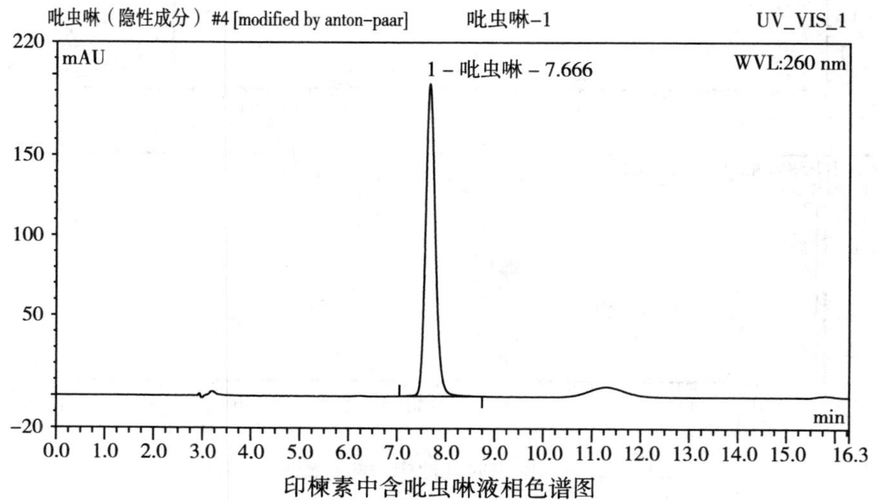

印楝素中含吡虫啉液相色谱图

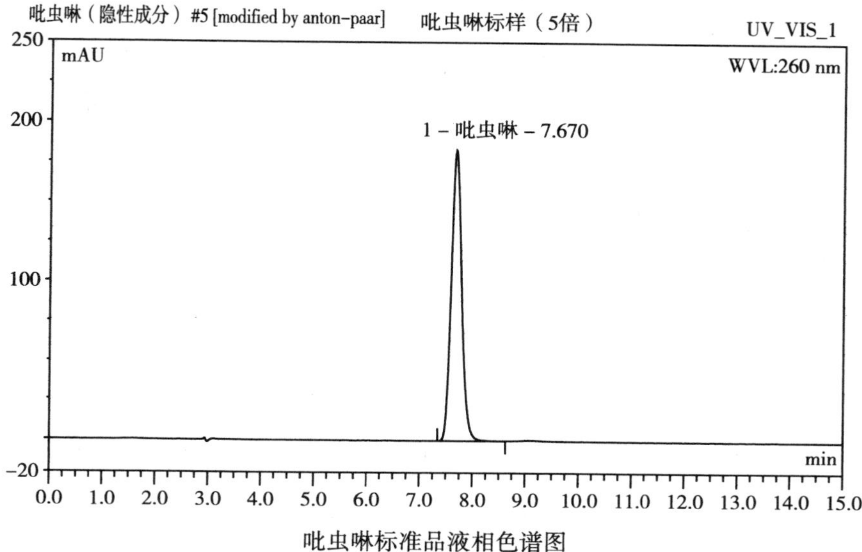

吡虫啉标准品液相色谱图

紫外吸收验证图

二极管阵列检测器，溶剂：甲醇，色谱纯。

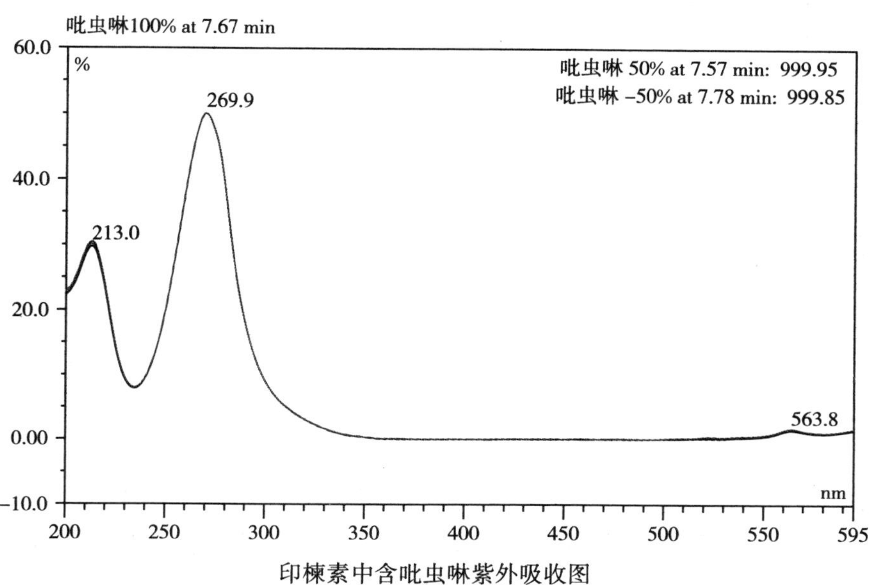

印楝素中含吡虫啉紫外吸收图

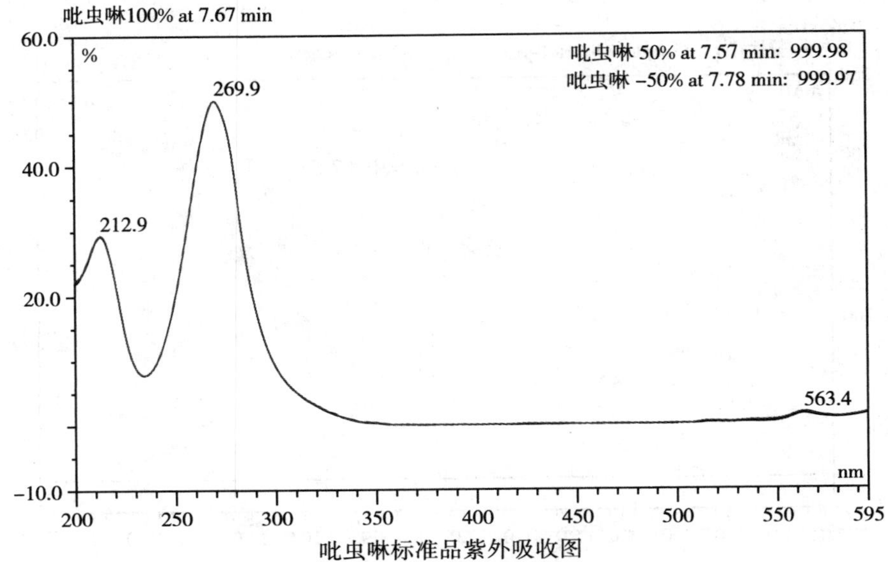

吡虫啉标准品紫外吸收图

液相色谱—质谱确证图

质谱条件：电喷雾正离子扫描方式；检测方式：MRM；定性离子对：256.1/175.1、256.1/209.1；锥孔电压：34；离子源温度：150℃；碰撞能量：28/18。

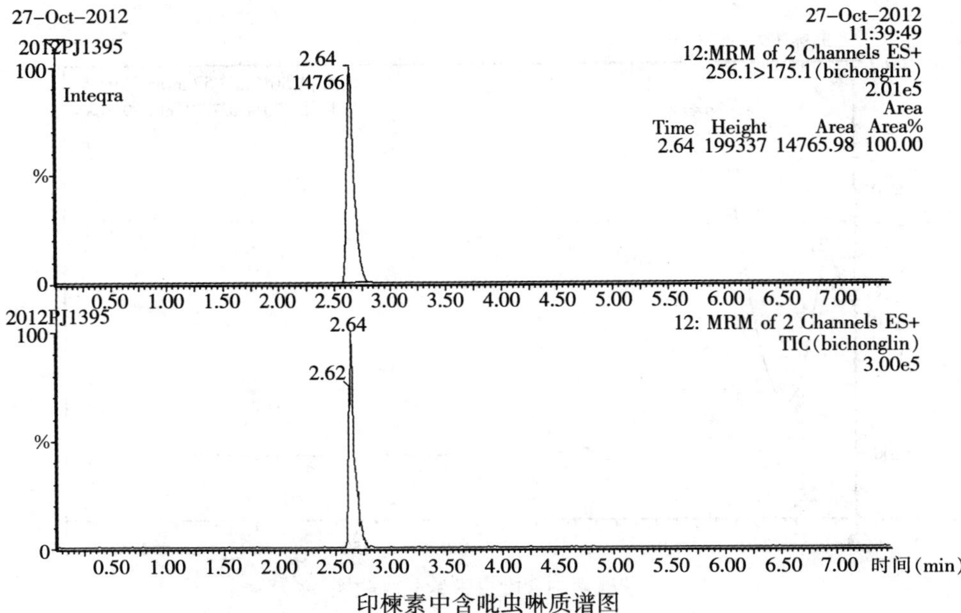

印楝素中含吡虫啉质谱图

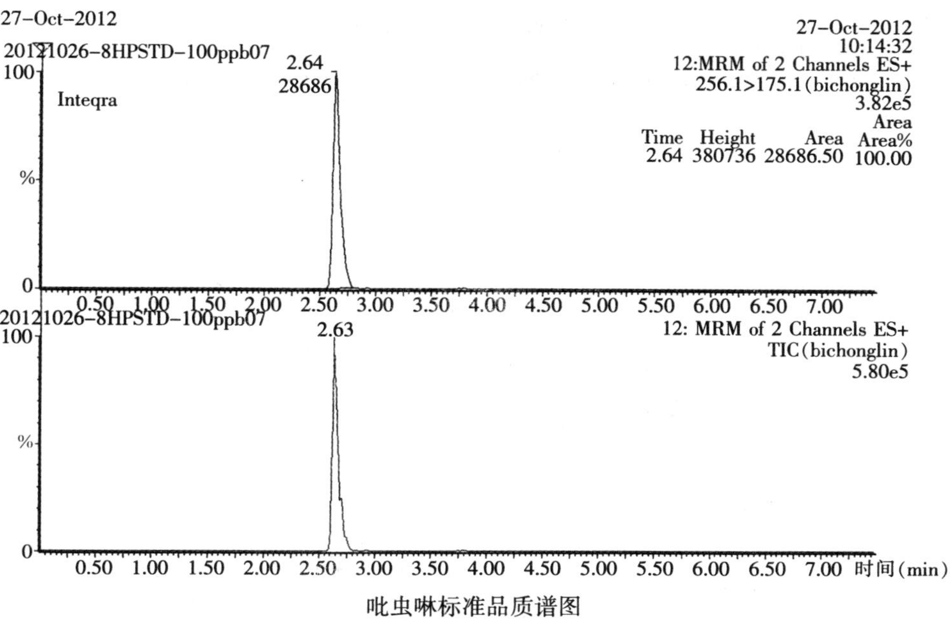

吡虫啉标准品质谱图

案例 48　8 000IU/μL 苏云金杆菌悬浮剂中含氯虫苯甲酰胺

液相色谱图

柱子：C18（250mm×4.6mm）；流动相：乙腈＋缓冲溶液（0.069％磷酸

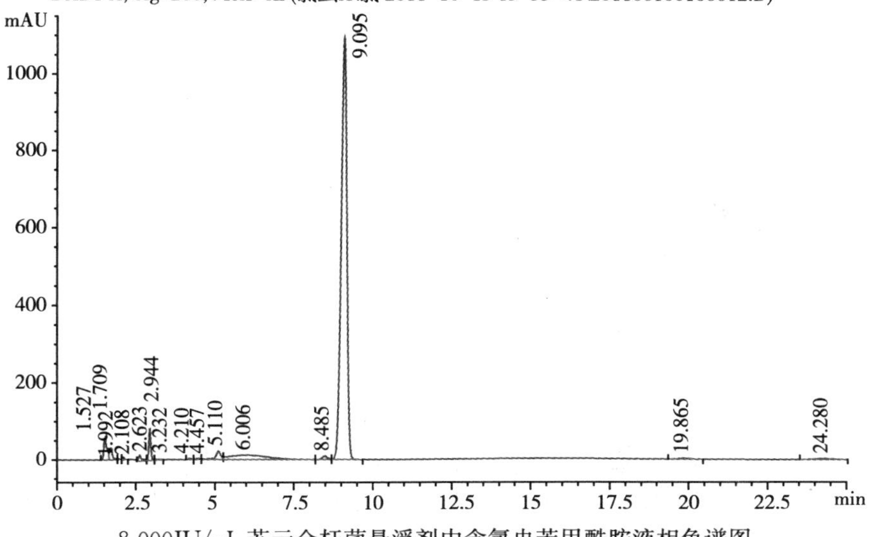

8 000IU/μL 苏云金杆菌悬浮剂中含氯虫苯甲酰胺液相色谱图

二氢钠，pH 3.0）（45＋55）；波长：270nm；流速：1.0mL/min。

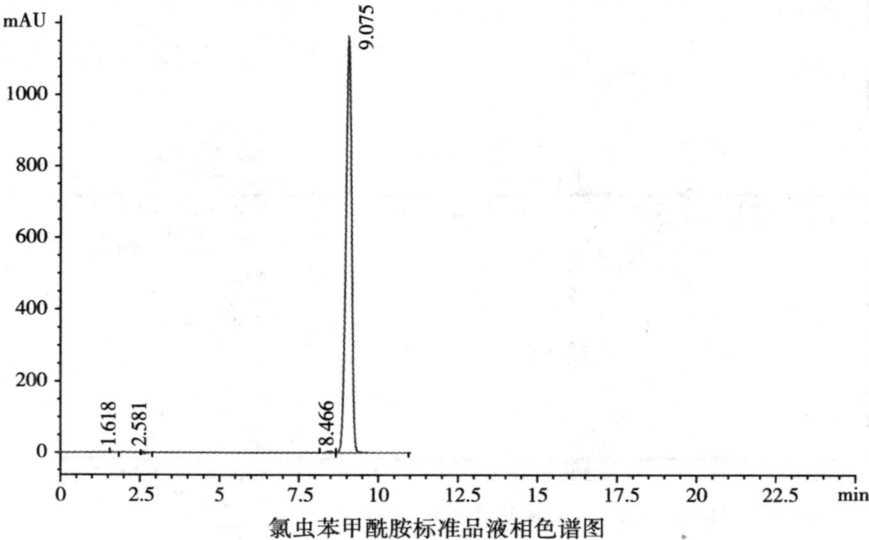

氯虫苯甲酰胺标准品液相色谱图

紫外验证吸收图

二极管阵列检测器，溶剂：甲醇，色谱纯。

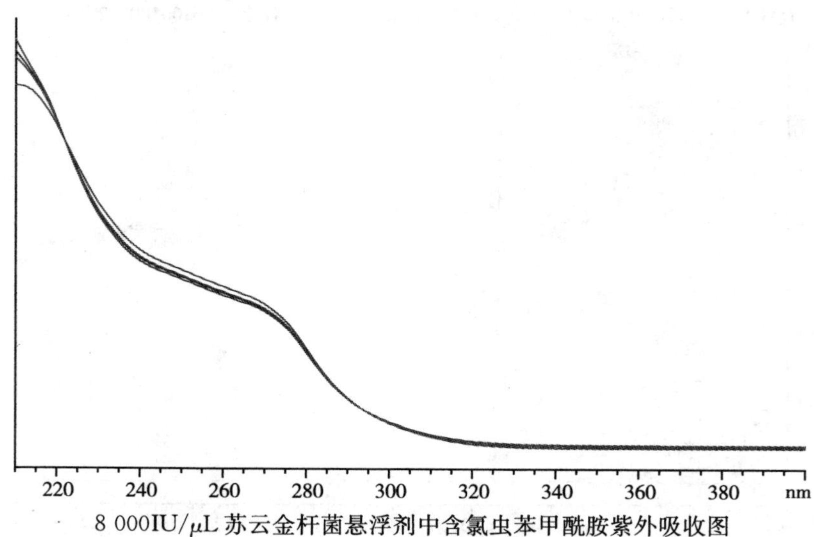

8 000IU/μL 苏云金杆菌悬浮剂中含氯虫苯甲酰胺紫外吸收图

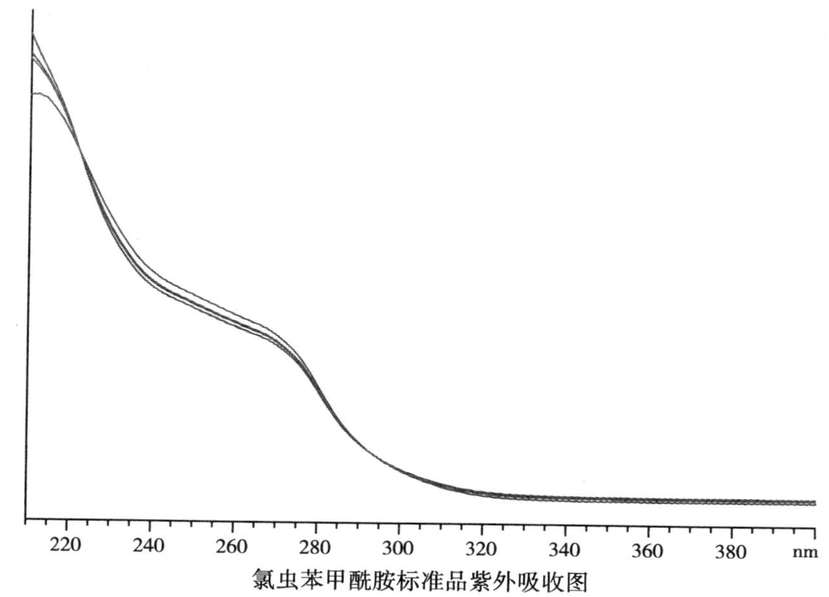

氯虫苯甲酰胺标准品紫外吸收图

液相色谱—质谱确证图

质谱条件：电喷雾正离子扫描方式；检测方式：MRM；定性离子对：484/453、484/284、484/177；锥孔电压：30；离子源温度：350℃；碰撞能量：17/23/44。

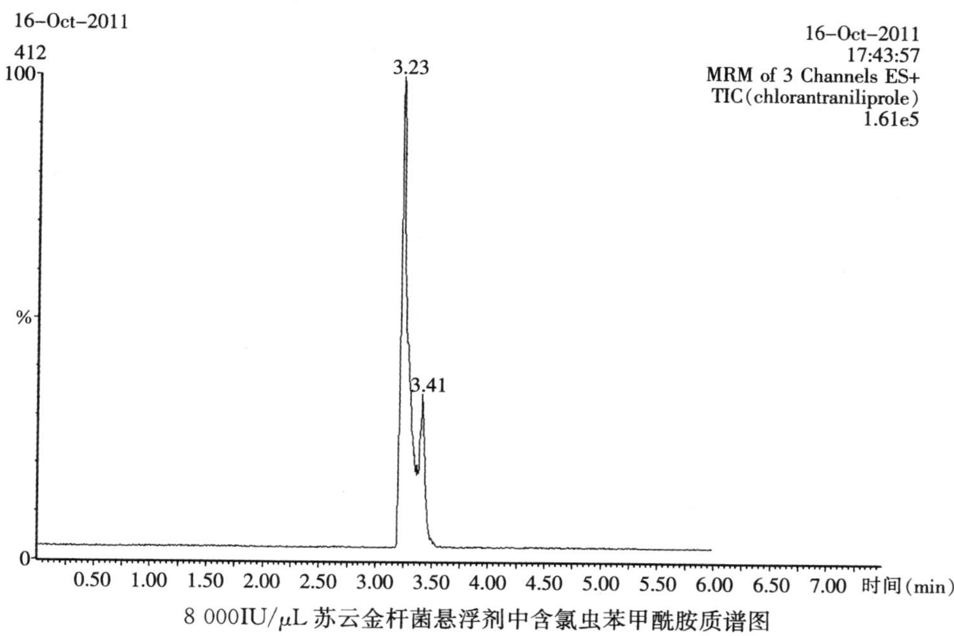

8 000IU/μL 苏云金杆菌悬浮剂中含氯虫苯甲酰胺质谱图

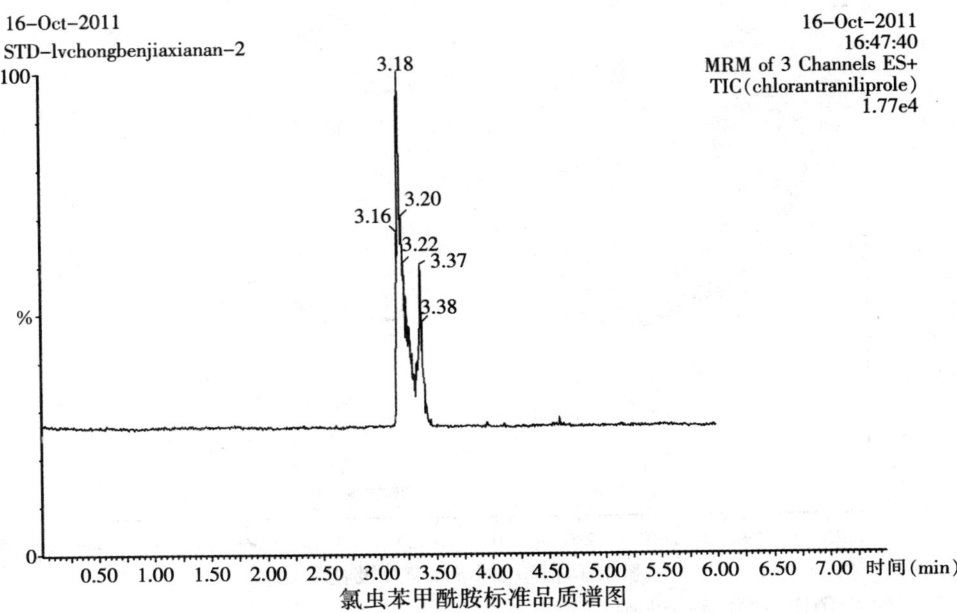

氯虫苯甲酰胺标准品质谱图

案例 49　1.8%阿维菌素乳油中含氯虫苯甲酰胺

液相色谱图

柱子：C18（250mm×4.6mm）；流动相：乙腈＋缓冲溶液（0.069%磷酸

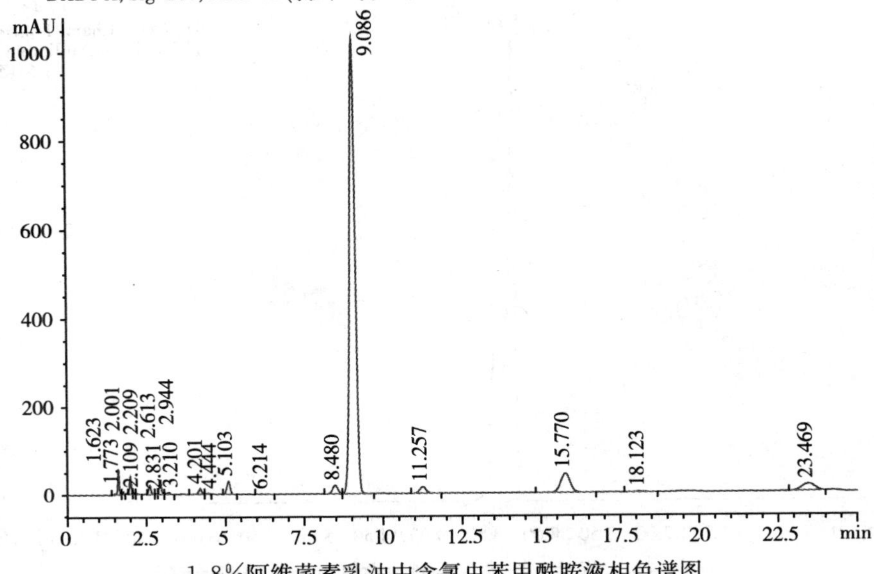

1.8%阿维菌素乳油中含氯虫苯甲酰胺液相色谱图

二氢钠，pH 3.0）(45＋55)；波长：270nm；流速：1.0mL/min。

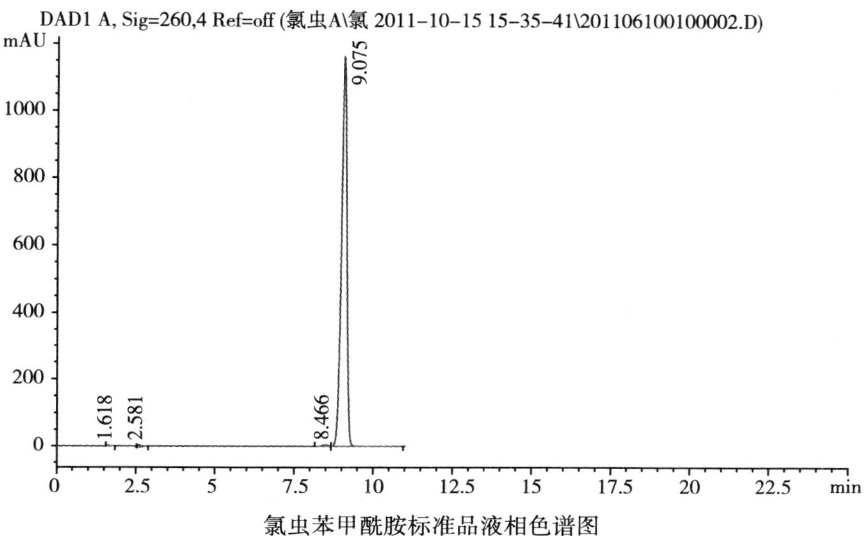

氯虫苯甲酰胺标准品液相色谱图

紫外吸收验证图

二极管阵列检测器，溶剂：甲醇，色谱纯。

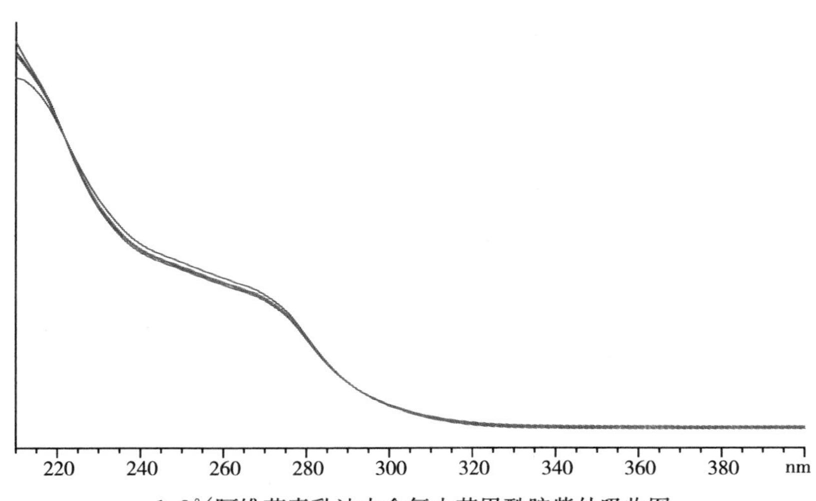

1.8%阿维菌素乳油中含氯虫苯甲酰胺紫外吸收图

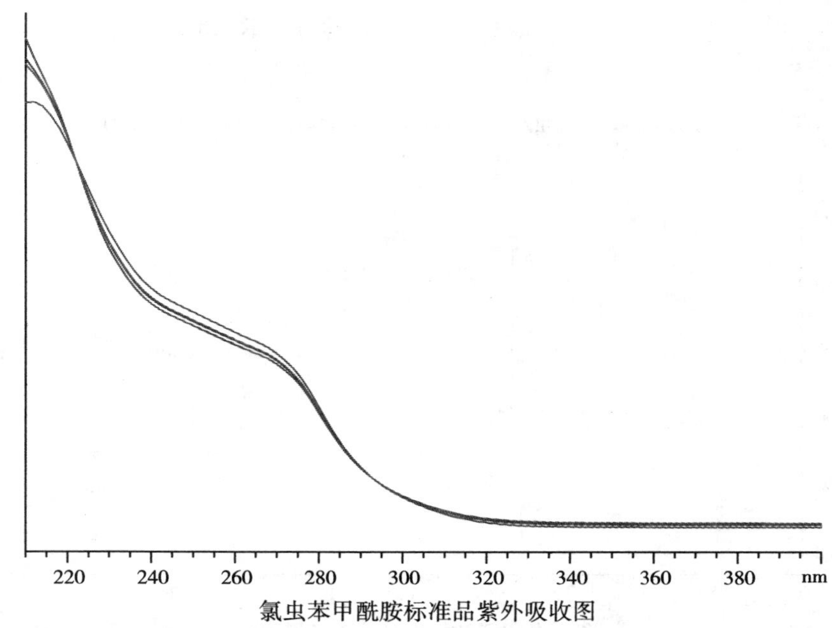

氯虫苯甲酰胺标准品紫外吸收图

液相色谱—质谱确证图

质谱条件：电喷雾正离子扫描方式；检测方式：MRM；定性离子对：484/453、484/284、484/177；锥孔电压：30；离子源温度：350℃；碰撞能量：17/23/44。

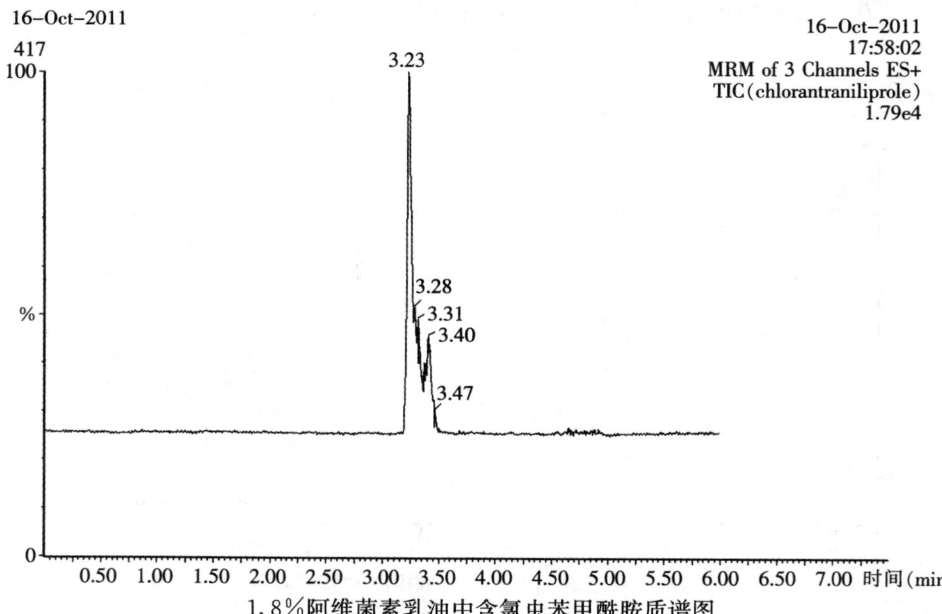

1.8%阿维菌素乳油中含氯虫苯甲酰胺质谱图

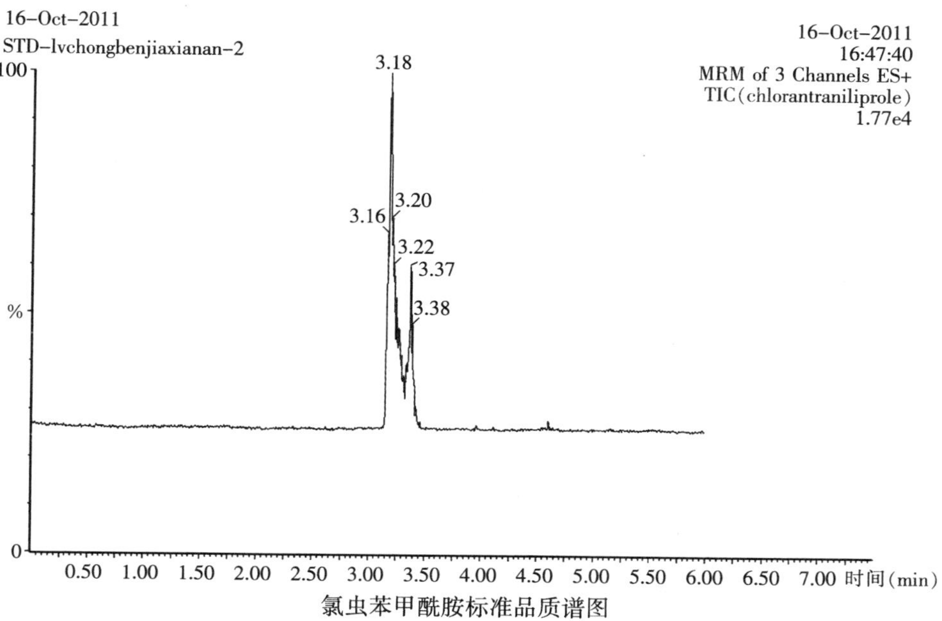

氯虫苯甲酰胺标准品质谱图

案例 50　25％咪鲜胺乳油中含多菌灵

液相色谱图

柱子：C18（250mm×4.6mm）；流动相：甲醇＋水＋氨水（60＋40＋

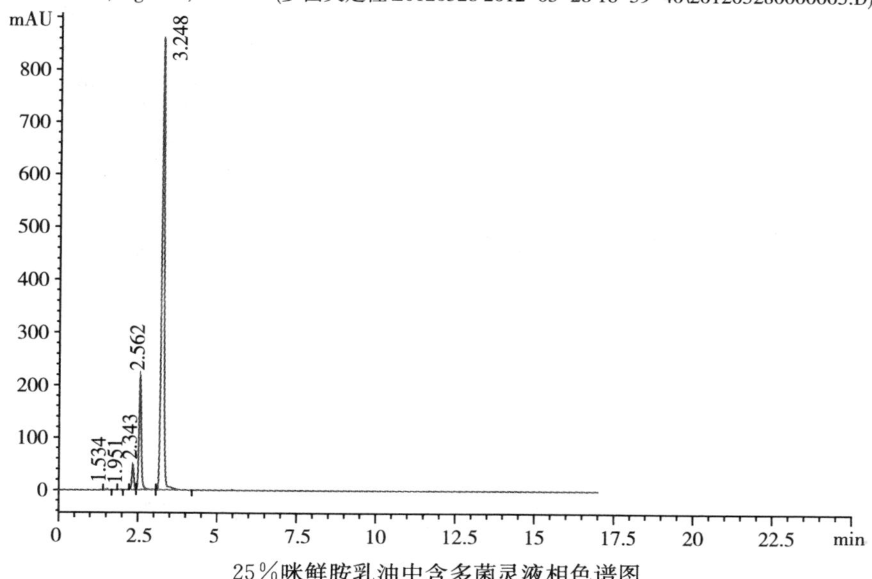

25％咪鲜胺乳油中含多菌灵液相色谱图

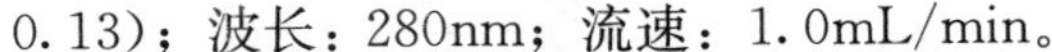
0.13)；波长：280nm；流速：1.0mL/min。

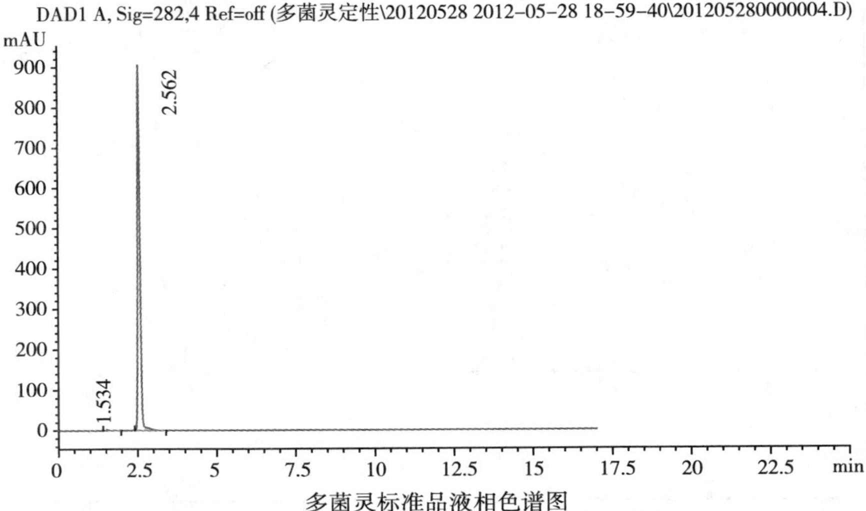

多菌灵标准品液相色谱图

液相色谱—质谱确证图

质谱条件：电喷雾正离子扫描方式；检测方式：MRM；定性离子对：192/132.1、192/160.1；锥孔电压：33；离子源温度：150℃；碰撞能量：28/18。

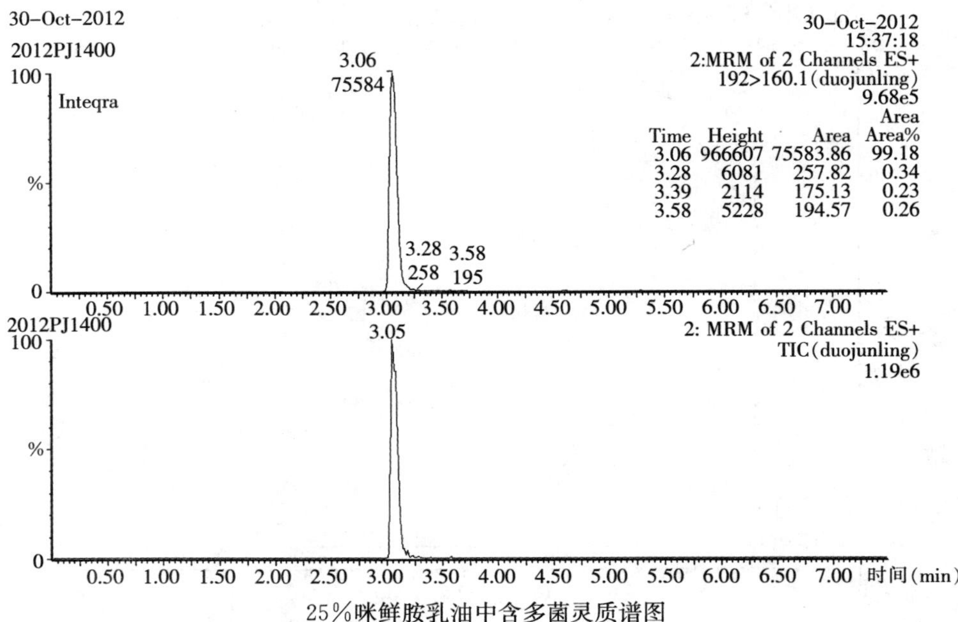

25%咪鲜胺乳油中含多菌灵质谱图

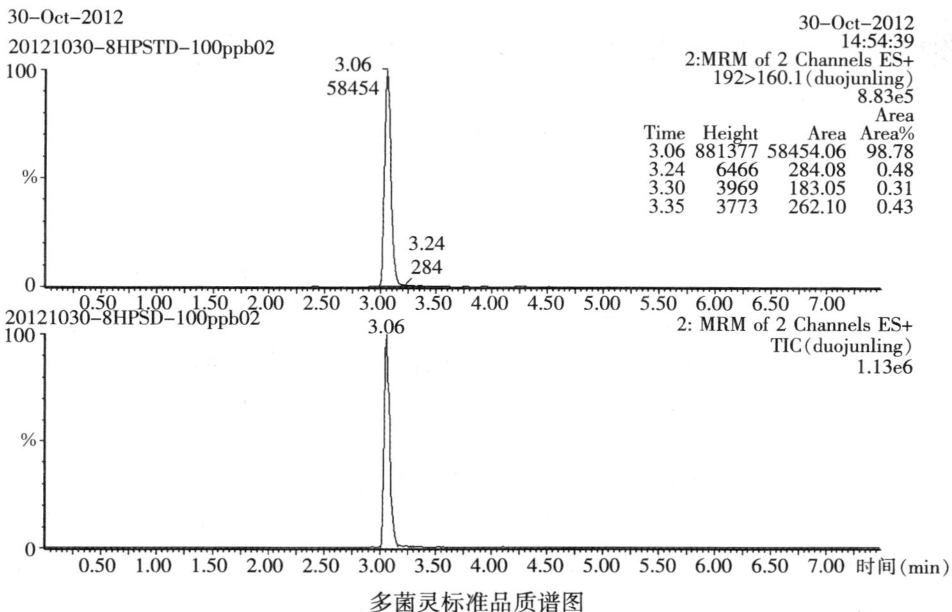
30-Oct-2012
20121030-8HPSTD-100ppb02
30-Oct-2012
14:54:39
2:MRM of 2 Channels ES+
192>160.1(duojunling)
8.83e5
3.06
58454
3.24
284
Time Height Area Area%
3.06 881377 58454.06 98.78
3.24 6466 284.08 0.48
3.30 3969 183.05 0.31
3.35 3773 262.10 0.43
100
%
0
0.50 1.00 1.50 2.00 2.50 3.00 3.50 4.00 4.50 5.00 5.50 6.00 6.50 7.00
20121030-8HPSD-100ppb02
3.06
2: MRM of 2 Channels ES+
TIC(duojunling)
1.13e6
100
%
0
0.50 1.00 1.50 2.00 2.50 3.00 3.50 4.00 4.50 5.00 5.50 6.00 6.50 7.00 时间(min)

多菌灵标准品质谱图

附录一 国家农药禁用限用管理规定

中华人民共和国农业部公告

第 194 号

为了促进无公害农产品生产和发展，保证农产品质量安全，增强我国农产品的国际市场竞争力，经全国农药登记评审委员会审议，我部决定，在 2000 年对甲胺磷等 5 种高毒有机磷农药加强登记管理的基础上，再停止受理一批高毒、剧毒农药登记申请，撤销一批高毒农药在一些作物上的登记。现将有关事项公告如下：

一、停止受理甲拌磷等 11 种高毒、剧毒农药新增登记

自公告之日起，停止受理甲拌磷（phorate)、氧乐果（omethoate)、水胺硫磷（isocarbophos)、特丁硫磷（terbufos)、甲基硫环磷（phosfolan-methyl)、治螟磷（sulfotep)、甲基异柳磷（isofenphos-methyl)、内吸磷（demeton)、涕灭威（aldicarb)、克百威（carbofuran)、灭多威（methomyl）等 11 种高毒、剧毒农药（包括混剂）产品的新增临时登记申请；已受理的产品，其申请者在 3 个月内，未补齐有关资料的，则停止批准登记。通过缓释技术等生产的低毒化剂型，或用于种衣剂、杀线虫剂的，经农业部农药临时登记评审委员会专题审查通过，可以受理其临时登记申请。对已经批准登记的农药（包括混剂）产品，我部将商有关部门，根据农业生产实际和可持续发展的要求，分批分阶段限制其使用作物。

二、停止批准高毒、剧毒农药分装登记

自公告之日起，停止批准含有高毒、剧毒农药产品的分装登记。对已批准分装登记的产品，其药临时登记证到期不再办理续展登记。

三、撤销部分高毒农药在部分作物上的登记

自 2002 年 6 月 1 日起，撤销下列高毒农药（包括混剂）在部分作物上的登记：氧乐果在甘蓝上，甲基异柳磷在果树上，涕灭威在苹果树上，克百威在柑桔树上，甲拌磷在柑桔树上，特丁硫磷在甘蔗上。

所有涉及以上产品撤销登记产品的农药生产企业，须在本公告发布之日起 3 个月之内，将撤销登记产品的农药登记证（或农药临时登记证）交回农业部农药检定所；如果撤销登记产品还取得了在其他作物上的登记，应携带新设计的标签和农药登记证（或农药临时登记证），向农业部农药检农定所更换新的农药登记证（或农药临时登记证）。

各省、自治区、直辖市农业行政主管部门和所属的农药检定机构要将农药登记管理的有关事项尽快通知到辖区内农药生产企业，并将执行过程中的情况和问题，及时报送我部种植业管理司和农药检定所。

二〇〇二年四月二十二日

中华人民共和国农业部公告

第 199 号

为从源头上解决农产品尤其是蔬菜、水果、茶叶的农药残留超标问题，我部在对甲胺磷等 5 种高毒有机磷农药加强登记管理的基础上，又停止受理一批高毒、剧毒农药的登记申请，撤销一批高毒农药在一些作物上的登记。现公布国家明令禁止使用的农药和不得在蔬菜、果树、茶叶、中草药材上使用的高毒农药品种清单。

一、国家明令禁止使用的农药

六六六（HCH），滴滴涕（DDT），毒杀芬（camphechlor），二溴氯丙烷（dibromochloropane），杀虫脒（chlordimeform），二溴乙烷（EDB），除草醚（nitrofen），艾氏剂（aldrin），狄氏剂（dieldrin），汞制剂（Mercury compounds），砷（arsena）、铅（acetate）类，敌枯双，氟乙酰胺（fluoroacetamide），甘氟（gliftor），毒鼠强（tetramine），氟乙酸钠（sodium fluoroacetate），毒鼠硅（silatrane）。

二、在蔬菜、果树、茶叶、中草药材上不得使用和限制使用的农药

甲胺磷（methamidophos），甲基对硫磷（parathion-methyl），对硫磷（parathion），久效磷（monocrotophos），磷胺（phosphamidon），甲拌磷（phorate），甲基异柳磷（isofenphos-methyl），特丁硫磷（terbufos），甲基硫环磷（phosfolan-methyl），治螟磷（sulfotep），内吸磷（demeton），克百威（carbofuran），涕灭威（aldicarb），灭线磷（ethoprophos），硫环磷（phosfolan），蝇毒磷（coumaphos），地虫硫磷（fonofos），氯唑磷（isazofos），苯线磷（fenamiphos）19 种高毒农药不得用于蔬菜、果树、茶叶、中草药材上。三氯杀螨醇（dicofol），氰戊菊酯（fenvalerate）不得用于茶树上。任何农药产品都不得超出农药登记批准的使用范围使用。

各级农业部门要加大对高毒农药的监管力度，按照《农药管理条例》的有关规定，对违法生产、经营国家明令禁止使用的农药的行为，以及违法在果树、蔬菜、茶叶、中草药材上使用不得使用或限用农药的行为，予以严厉打击。各地要做好宣传教育工作，引导农药生产者、经营者和使用者生产、推广和使用安全、高效、经济的农药，促进农药品种结构调整步伐，促进无公害农产品生产发展。

二〇〇二年五月二十四日

中华人民共和国农业部公告

第 274 号

为加强农药管理，逐步削减高毒农药的使用，保护人民生命安全和健康，增强我国农产品的市场竞争力，经全国农药登记评审委员会审议，我部决定撤销甲胺磷等 5 种高毒农药混配制剂登记，撤销丁酰肼在花生上的登记，强化杀鼠剂管理。现将有关事项公告如下：

一、撤销甲胺磷等 5 种高毒有机磷农药混配制剂登记。自 2003 年 12 月 31 日起，撤销所有含甲胺磷、对硫磷、甲基对硫磷、久效磷和磷胺 5 种高毒有机磷农药的混配制剂的登记（具体名单由农业部农药检定所公布）。自公告之日起，不再批准含以上 5 种高毒有机磷农药的混配制剂和临时登记有效期满 4 年的单剂的续展登记。自 2004 年 6 月 30 日起，不得在市场上销售含以上 5 种高毒有机磷农药的混配制剂。

二、撤销丁酰肼在花生上的登记。自公告之日起，撤销丁酰肼（比久）在花生上的登记，不得在花生上使用含丁酰肼（比久）的农药产品。相关农药生产企业在 2003 年 6 月 1 日前到农业部农药检定所换取农药临时登记证。

三、自 2003 年 6 月 1 日起，停止批准杀鼠剂分装登记，已批准的杀鼠剂分装登记不再批准续展登记。

2003 年 4 月 30 日

中华人民共和国农业部公告

第 322 号

（禁止甲胺磷等 5 种高毒有机磷农药在农业上使用）

为提高我国农药应用水平，保护人民生命安全和健康，保护环境，增强农产品的市场竞争力，促进农药工业结构调整和产业升级，经全国农药登记评审委员会审议，我部决定分三个阶段削减甲胺磷、对硫磷、甲基对硫磷、久效磷和磷胺 5 种高毒有机磷农药（以下简称甲胺磷等 5 种高毒有机磷农药）的使用，自 2007 年 1 月 1 日起，全面禁止甲胺磷等 5 种高毒有机磷农药在农业上使用。现将有关事项公告如下：

一、自 2004 年 1 月 1 日起，撤销所有含甲胺磷等 5 种高毒有机磷农药的复配产品的登记证（具体名单另行公布）。自 2004 年 6 月 30 日起，禁止在国内销售和使用含有甲胺磷等 5 种高毒有机磷农药的复配产品。

二、自 2005 年 1 月 1 日起，除原药生产企业外，撤销其他企业含有甲胺磷等 5 种高毒有机磷农药的制剂产品的登记证（具体名单另行公布）。同时将原药生产企业保留的甲胺磷等 5 种高毒有机磷农药的制剂产品的作用范围缩减为：棉花、水稻、玉米和小麦 4 种作物。

三、自 2007 年 1 月 1 日起，撤销含有甲胺磷等 5 种高毒有机磷农药的制剂产品的登记证（具体名单另行公布），全面禁止甲胺磷等 5 种高毒有机磷农药在农业上使用，只保留部分生产能力用于出口。

二〇〇三年十二月三十日

中华人民共和国农业部公告

第 494 号

为从源头上解决甲磺隆等磺酰脲类长残效除草剂对后茬作物产生药害事故的问题，保障农业生产安全，保护广大农民利益，根据《农药管理条例》的有关规定，结合我国实际情况，经全国农药登记评审委员会审议，我部决定对含甲磺隆、氯磺隆和胺苯磺隆等除草剂产品实行以下管理措施。

一、自2005年6月1日起，停止受理和批准含甲磺隆、氯磺隆和胺苯磺隆等农药产品的田间药效试验申请。自2006年6月1日起，停止受理和批准新增含甲磺隆、氯磺隆和胺苯磺隆等农药产品（包括原药、单剂和复配制剂）的登记。

二、已登记的甲磺隆、氯磺隆和胺苯磺隆原药生产企业，要提高产品质量。对杂质含量超标的，要限期改进生产工艺。在规定期限内不能达标的，要撤销其农药登记证。

三、严格限定含有甲磺隆、氯磺隆产品的使用区域、作物和剂量。含甲磺隆、氯磺隆产品的农药登记证和产品标签应注明“限制在长江流域及其以南地区的酸性土壤（pH<7）稻麦轮作区的小麦田使用”。产品的推荐用药量以甲磺隆、氯磺隆有效成分计不得超过7.5克/公顷（0.5克/亩）。

四、规范含甲磺隆、氯磺隆和胺苯磺隆等农药产品的标签内容。其标签内容应符合《农药产品标签通则》和《磺酰脲类除草剂合理使用准则》等规定，要在显著位置醒目详细说明产品限定使用区域、后茬不能种植的作物等安全注意事项。自2006年1月1日起，市场上含甲磺隆、氯磺隆和胺苯磺隆等农药产品的标签应符合以上要求，否则按不合格标签查处。

各级农业行政主管部门要加强对玉米、油菜、大豆、棉花和水稻等作物除草剂产品使用的监督管理，防止发生重大药害事故。要加大对含甲磺隆、氯磺隆和胺苯磺隆等农药的监管力度，重点检查产品是否登记、产品标签是否符合要求，依法严厉打击将甲磺隆、氯磺隆掺入其他除草剂产品的非法行为。要做好技术指导、宣传和培训工作，引导农民合理使用除草剂。

特此公告

二〇〇五年四月二十八日

中华人民共和国农业部　国家发展和改革委员会 国家工商行政管理总局 国家质量监督检验检疫总局公告

第632号

为贯彻落实甲胺磷、对硫磷、甲基对硫磷、久效磷和磷胺5种高毒有机磷农药（以下简称甲胺磷等5种高毒有机磷农药）削减计划，确保自2007年1月1日起，全面禁止甲胺磷等5种高毒有机磷农药在农业上使用，现将有关事项公告如下：

一、自 2007 年 1 月 1 日起，全面禁止在国内销售和使用甲胺磷等 5 种高毒有机磷农药。撤销所有含甲胺磷等 5 种高毒有机磷农药产品的登记证和生产许可证（生产批准证书）。保留用于出口的甲胺磷等 5 种高毒有机磷农药生产能力，其农药产品登记证、生产许可证（生产批准证书）发放和管理的具体规定另行制定。

二、各农药生产单位要根据市场需求安排生产计划，以销定产，避免因甲胺磷等 5 种高毒有机磷农药生产过剩而造成积压和损失。对在 2006 年底尚未售出的产品，一律由本单位负责按照环境保护的有关规定进行处理。

三、各农药经营单位要按照农业生产的实际需要，严格控制甲胺磷等 5 种高毒有机磷农药进货数量。对在 2006 年底尚未销售的产品，一律由本单位负责按照环境保护的有关规定进行处理。

四、各农药使用者和广大农户要有计划地选购含甲胺磷等 5 种高毒有机磷农药的产品，确保在 2006 年底前全部使用完。

五、各级农业、发展改革（经贸）、工商、质量监督检验等行政管理部门，要按照《农药管理条例》和相关法律法规的规定，明确属地管理原则，加强组织领导，加大资金投入，搞好禁止生产销售使用政策、替代农药产品和科学使用技术的宣传、指导和培训。同时，加强农药市场监督管理，确保按期实现禁用计划。自 2007 年 1 月 1 日起，对非法生产、销售和使用甲胺磷等 5 种高毒有机磷农药的，要按照生产、销售和使用国家明令禁止农药的违法行为依法进行查处。

二〇〇六年四月四日

中华人民共和国农业部公告

第 671 号

为进一步解决甲磺隆等磺酰脲类长残效除草剂对后茬作物产生药害事故的问题，保障农业生产安全，保护广大农民利益，根据《农药管理条例》的有关规定，结合我国实际，我部决定对含甲磺隆、氯磺隆和胺苯磺隆等除草剂产品实行以下管理措施。

一、自 2006 年 6 月 1 日起，停止批准新增含甲磺隆、氯磺隆和胺苯磺隆等除草剂产品（包括原药、单剂和复配制剂）的登记。对已批准田间试验或已受理登记申请的产品，相关生产企业应在规定的期限前提交相应的资料。在规定期限内未获得批准的产品不再继续审查。

二、各甲磺隆、氯磺隆和胺苯磺隆原药生产企业，要提高产品质量，严格控制杂质含量。要重新提交原药产品标准和近两年的全分析报告，于2006年12月31日前，向我部申请复核。对甲磺隆含量低于96%、氯磺隆含量低于95%、胺苯磺隆含量低于95%、杂质含量过高的，要限期改进生产工艺。在2007年12月31日前不能达标的，将依法撤销其登记。

三、已批准在小麦上登记的含有甲磺隆、氯磺隆的产品，其农药登记证和产品标签上应注明“仅限于长江流域及其以南、酸性土壤（pH<7）、稻麦轮作区的小麦田使用”。产品的用药量以甲磺隆有效成分计不得超过7.5克/公顷（0.5克/亩），以氯磺隆有效成分计不得超过15克/公顷（1克/亩）。混配产品中各有效成分的使用剂量单独计算。

已批准在小麦上登记的含甲磺隆、氯磺隆的产品，对于原批准的使用剂量低限超出本公告规定最高使用剂量的，不再批准续展登记。对于原批准的使用剂量高限超出本公告规定的最高剂量而低限未超出的，可批准续展登记。但要按本公告的规定调整批准使用剂量，控制产品最佳使用时期和施药方法。相关企业应按重新核定的使用剂量和施药时期设计标签。必要时，应要求生产企业按新批准使用剂量进行一年三地田间药效验证试验，根据试验结果决定是否再批准续展登记。

四、已批准在水稻上登记的含甲磺隆的产品，其农药登记证和产品标签上应注明“仅限于酸性土壤（pH<7）及高温高湿的南方稻区使用”，用药量以甲磺隆计不得超过3克/公顷（0.2克/亩），水稻4叶期前禁止用药。

五、已取得含甲磺隆、氯磺隆、胺苯磺隆等产品登记的生产企业，申请续展登记时应提交原药来源证明和产品标签。2006年12月31日以后生产的产品，其标签内容应符合《农药产品标签通则》和《磺酰脲类除草剂合理使用准则》等规定，要在明显位置以醒目的方式详细说明产品限定使用区域、严格限定后茬种植的作物及使用时期等安全注意事项。标签中的注意事项详见附件。

含有甲磺隆、氯磺隆和胺苯磺隆产品的生产企业，如欲扩大后茬可种植作物的范围，需要提交对后茬作物室内和田间的安全性试验评估资料。经对资料进行评审后，表明其对试验的后茬作物安全，将允许在产品标签中增加标明可种植的后茬作物等项目。

本公告自发布之日起实施，我部于2005年4月28日发布的第494号公告同时废止。

二〇〇六年六月十三日

附件：

甲磺隆等除草剂产品标签上应注明的注意事项

有效成分名称	登记作物	标签上应注明的注意事项
甲磺隆	冬小麦	1. 仅限于长江流域及其以南、酸性土壤（pH<7）、稻麦轮作区的小麦田使用，严格掌握使用剂量。 2. 仅限于小麦冬前使用，低温寒流前夕或麦苗冻害后勿用。 3. 后茬不宜作为水稻秧田与直播田，不能种植其他作物；只能种植移栽水稻或抛秧水稻。
	移栽水稻、抛秧水稻	1. 限于在酸性土壤（pH<7）及高温高湿的南方稻区使用，严格掌握使用剂量。 2. 当茬水稻 4 叶期前禁止用药，不能用于水稻秧田与直播田。 3. 后茬只能种植冬小麦、移栽水稻或抛秧水稻，不能种植其他作物。
	非耕地、暖季型草坪	严格按照农药登记批准的范围使用。用过该药的地块，若种植农作物须慎重。
氯磺隆	冬小麦	1. 仅限于长江流域及其以南、酸性土壤（pH<7）、稻麦轮作区的小麦田使用。禁止在低温、少雨、碱性土壤（pH>7）的麦田使用。 2. 严格按照批准的剂量使用。 3. 仅限于小麦田冬前使用。 4. 后茬只能种植移栽水稻，不能种植其他作物。
胺苯磺隆	冬油菜	1. 适用于甘蓝型油菜。白菜型油菜慎用，禁用于芥菜型油菜。 2. 禁用于土壤 pH>7 的田块、土壤黏重田块及积水田。 3. 仅限于油菜移栽后 7～10 天或直播油菜 4.5～6 叶期冬前使用。 4. 使用本产品 180 天以上，后茬可种植移栽中稻或晚稻，不能种植其他作物。
	春油菜	1. 适用于甘蓝型油菜。白菜型油菜慎用，禁用于芥菜型油菜。 2. 禁用于土壤 pH>7 的田块、土壤黏重田块及积水田。 3. 可越年种植春油菜，后茬不能种植其他作物。

中华人民共和国农业部公告

第 747 号

农药增效剂八氯二丙醚（Octachlorodipropyl ether，S2 或 S421）在生产、使用过程中对人畜安全具有较大风险和危害。根据《农药管理条例》有关规定，经农药登记评审委员会审议，我部决定进一步加强对含有八氯二丙醚农药产品的管理。现公告如下：

一、自本公告发布之日起，停止受理和批准含有八氯二丙醚的农药产品登记。

二、自 2007 年 3 月 1 日起，撤销已经批准的所有含有八氯二丙醚的农药产品登记。

三、自 2008 年 1 月 1 日起，不得销售含有八氯二丙醚的农药产品。对已批准登记的农药产品，如果发现含有八氯二丙醚成分，我部将根据《农药管理条例》有关规定撤销其农药登记。

二〇〇六年十一月二十日

中华人民共和国农业部
中华人民共和国工业和信息化部
中华人民共和国环境保护部公告

第 1157 号

鉴于氟虫腈对甲壳类水生生物和蜜蜂具有高风险，在水和土壤中降解慢，按照《农药管理条例》的规定，根据我国农业生产实际，为保护农业生产安全、生态环境安全和农民利益，经全国农药登记评审委员会审议，现就加强氟虫腈管理的有关事项公告如下：

一、自本公告发布之日起，除卫生用、玉米等部分旱田种子包衣剂和专供出口产品外，停止受理和批准用于其他方面含氟虫腈成分农药制剂的田间试验、农药登记（包括正式登记、临时登记、分装登记）和生产批准证书。

二、自 2009 年 4 月 1 日起，除卫生用、玉米等部分旱田种子包衣剂和专供出口产品外，撤销已批准的用于其他方面含氟虫腈成分农药制剂的登记和

（或）生产批准证书。同时，农药生产企业应当停止生产已撤销登记和生产批准证书的农药制剂。

三、自2009年10月1日起，除卫生用、玉米等部分旱田种子包衣剂外，在我国境内停止销售和使用用于其他方面的含氟虫腈成分的农药制剂。农药生产企业和销售单位应当确保所销售的相关农药制剂使用安全，并妥善处置市场上剩余的相关农药制剂。

四、专供出口含氟虫腈成分的农药制剂只能由氟虫腈原药生产企业生产。生产企业应当办理生产批准证书和专供出口的农药登记证或农药临时登记证。

五、在我国境内生产氟虫腈原药的生产企业，其建设项目环境影响评价文件依法获得有审批权的环境保护行政主管部门同意后，方可申请办理农药登记和生产批准证书。已取得农药登记和生产批准证书的生产企业，要建立可追溯的氟虫腈生产、销售记录，不得将含有氟虫腈的产品销售给未在我国取得卫生用、玉米等部分旱田种子包衣剂农药登记和生产批准证书的生产企业。

各级农业、工业生产、环境保护行政主管部门，应当加大对含有氟虫腈农药产品的生产和市场监督检查力度，引导农民科学选购与使用农药，确保农业生产和环境安全。

二〇〇九年二月二十五日

农业部　工业和信息化部
环境保护部　国家工商行政管理总局
国家质量监督检验检疫总局公告

第1586号

为保障农产品质量安全、人畜安全和环境安全，经国务院批准，决定对高毒农药采取进一步禁限用管理措施。现将有关事项公告如下：

一、自本公告发布之日起，停止受理苯线磷、地虫硫磷、甲基硫环磷、磷化钙、磷化镁、磷化锌、硫线磷、蝇毒磷、治螟磷、特丁硫磷、杀扑磷、甲拌磷、甲基异柳磷、克百威、灭多威、灭线磷、涕灭威、磷化铝、氧乐果、水胺硫磷、溴甲烷、硫丹等22种农药新增田间试验申请、登记申请及生产许可申请；停止批准含有上述农药的新增登记证和农药生产许可证（生产批准文件）。

二、自本公告发布之日起，撤销氧乐果、水胺硫磷在柑橘树，灭多威在柑橘树、苹果树、茶树、十字花科蔬菜，硫线磷在柑橘树、黄瓜，硫丹在苹果树、茶树，溴甲烷在草莓、黄瓜上的登记。本公告发布前已生产产品的标签可以不再更改，但不得继续在已撤销登记的作物上使用。

三、自 2011 年 10 月 31 日起，撤销（撤回）苯线磷、地虫硫磷、甲基硫环磷、磷化钙、磷化镁、磷化锌、硫线磷、蝇毒磷、治螟磷、特丁硫磷等 10 种农药的登记证、生产许可证（生产批准文件），停止生产；自 2013 年 10 月 31 日起，停止销售和使用。

农业部

工业和信息化部

环境保护部

国家工商行政管理总局

国家质量监督检验检疫总局

二〇一一年六月十五日

附录二

国家禁止生产销售使用的农药名录

目前，国家明令禁止生产销售使用的农药共 33 种，分别是：

六六六（HCH），滴滴涕（DDT），毒杀芬（camphechlor），二溴氯丙烷（dibromochloropane），杀虫脒（chlordimeform），二溴乙烷（EDB），除草醚（nitrofen），艾氏剂（aldrin），狄氏剂（dieldrin），汞制剂（Mercury compounds），砷（arsena）类、铅（acetate）类，敌枯双，氟乙酰胺（fluoroacetamide），甘氟（gliftor），毒鼠强（tetramine），氟乙酸钠（sodium fluoroacetate），毒鼠硅（silatrane），甲胺磷（methamidophos），甲基对硫磷（parathion-methyl），对硫磷（parathion），久效磷（monocrotophos），磷胺（phosphamidon），苯线磷*（fenamiphos），地虫硫磷*（fonofos），甲基硫环磷*（phosfolan-methyl），磷化钙*（Calcium phosphide）、磷化镁*（magnesium phosphide）、磷化锌*（Zinc phosphide）、硫线磷*（cadusafos）、蝇毒磷*（coumaphos），治螟磷*（sulfotep），特丁硫磷*（terbufos）。

注：带*的自 2013 年 10 月 31 日起。

附录三

国家限制使用农药名录

序号	通用名	禁止使用作物	备注
1	甲拌磷（phorate）	蔬菜、果树、茶树、中草药材	199 号公告
2	甲基异柳磷（isofenphos-methyl）	蔬菜、果树、茶树、中草药材	199 号公告
3	内吸磷（demeton）	蔬菜、果树、茶树、中草药材	199 号公告
4	克百威（carbofuran）	蔬菜、果树、茶树、中草药材	199 号公告
5	涕灭威（aldicarb）	蔬菜、果树、茶树、中草药材	199 号公告
6	灭线磷（ethoprophos）	蔬菜、果树、茶树、中草药材	199 号公告
7	硫环磷（phosfolan）	蔬菜、果树、茶树、中草药材	199 号公告
8	氯唑磷（isazofos）	蔬菜、果树、茶树、中草药材	199 号公告
9	水胺硫磷（Isocarbophos）	柑橘树	1586 号公告
10	灭多威（methomyl）	柑橘树、苹果树、茶树、十字花科蔬菜	1586 号公告
11	硫丹（endosulfan）	苹果树、茶树	1586 号公告
12	溴甲烷（Bromomethane）	草莓、黄瓜	1586 号公告
13	氧乐果（omethoate）	甘蓝、柑橘树	1586 号公告
14	三氯杀螨醇（dicofol）	茶树	199 号公告
15	氰戊菊酯（fenvalerate）	茶树	199 号公告
16	丁酰肼（比久）（daminozide）	花生	274 号公告
17	氟虫腈（fipronil）	除卫生用、玉米等部分旱田种子包衣剂外的其他用途	1157 号公告
18	甲磺隆（metsulfuron-methyl）	仅限于长江流域及其以南、酸性土壤（pH<7）、稻麦轮作区的小麦田使用 仅限于酸性土壤（pH<7）及高温高湿的南方稻区水稻田使用	671 号公告
19	氯磺隆（chlorsulfuron）	仅限于长江流域及其以南、酸性土壤（pH<7）、稻麦轮作区的小麦田使用	671 号公告
20	胺苯磺隆（ethametsulfuron）	禁用于土壤 pH>7 的田块、土壤黏重田块及积水田	671 号公告

参 考 文 献

康乐，陈永林．1992. 关于蝗虫灾害减灾对策的探讨［J］. 中国减灾，2（1）.

金季涛，师仰顺，等．2003. 农药标签混乱的原因分析及治理对策［J］. 农药科学与管理，24（7）.

王以燕，刘桂婷．2010. 中国农药登记管理制度［J］. 世界农药，32（3）.

图书在版编目（CIP）数据

农药隐性成分鉴定技术与案例 / 陆剑飞主编. —北京：中国农业出版社，2013.11
ISBN 978-7-109-18469-5

Ⅰ.①农… Ⅱ.①陆… Ⅲ.①农药-成分-鉴定-案例 Ⅳ.①S482

中国版本图书馆 CIP 数据核字（2013）第 245832 号

中国农业出版社出版
（北京市朝阳区农展馆北路 2 号）
（邮政编码 100125）
责任编辑 张洪光 阎莎莎

北京中兴印刷有限公司印刷 新华书店北京发行所发行
2013 年 12 月第 1 版 2013 年 12 月北京第 1 次印刷

开本：720mm×960mm 1/16 印张：11.75
字数：202 千字
定价：38.00 元